住宅性能评定与高品质住宅建设发展

住房和城乡建设部科技与产业化发展中心
(住房和城乡建设部住宅产业化促进中心)

柳博会 主 编
高 真 副主编

中国建筑工业出版社

图书在版编目（CIP）数据

住宅性能评定与高品质住宅建设发展/住房和城乡建设部科技与产业化发展中心（住房和城乡建设部住宅产业化促进中心），柳博会主编；高真副主编．—北京：中国建筑工业出版社，2022.8

ISBN 978-7-112-27545-8

Ⅰ.①住… Ⅱ.①住… ②柳… ③高… Ⅲ.①住宅—性能—评价—中国②住宅建设—研究—中国 Ⅳ.①TU241②F299.233.5

中国版本图书馆CIP数据核字（2022）第107203号

住宅性能评定制度自1999年试行以来，经历了制度建立、发展的曲折过程。经过20多年的发展，截止2021年底，评定项目已超2000个。项目涉及31各省市、自治区和直辖市，受到住宅开发建设单位和消费者的普遍认可。住宅性能评定制度在一定程度上引领了我国高品质住宅的建设，促进了我国住宅品质提升和住宅产业现代化的发展。在新版《住宅性能评定标准》即将发布之际，针对我国住宅品质提升和建筑高质量发展所面临的的问题，回顾我国住宅性能评定及高品质住宅建设的发展历程，参照部分优秀项目案例，提炼出我国住宅品质提升的相关启示，分析现阶段我国住宅品质提升的主要问题及原因，并就我国高品质住宅建设发展进行展望。力求对我国住宅品质提升和建筑高质量发展提供相关的借鉴和参考。

责任编辑：毕凤鸣　封　毅
责任校对：赵　菲

住宅性能评定与高品质住宅建设发展
住房和城乡建设部科技与产业化发展中心
（住房和城乡建设部住宅产业化促进中心）
柳博会　主　编
高　真　副主编

*

中国建筑工业出版社出版、发行（北京海淀三里河路9号）
各地新华书店、建筑书店经销
华之逸品书装设计制版
北京君升印刷有限公司印刷

*

开本：787毫米×1092毫米　1/16　印张：16¼　字数：272千字
2022年9月第一版　　2022年9月第一次印刷
定价：56.00元
ISBN 978-7-112-27545-8
（39705）

版权所有　翻印必究
如有印装质量问题，可寄本社图书出版中心退换
（邮政编码100037）

前言

我国建立住宅性能评定制度的根本目的，是为了提高住宅性能，促进住宅产业现代化，保障住房消费者的权益。住宅性能评定制度自1999年试行以来，经历了制度建立、发展完善的曲折过程。经过20多年的发展，截至2021年底，评定项目已超2000个。项目涉及30个省、自治区和直辖市。住宅性能评定工作在很多地区都受到了开发企业和消费者的广泛认可。可以说，住宅性能评定制度在一定程度上引领了我国高品质住宅的建设，促进了我国住宅品质提升和住宅产业现代化的发展。

国家标准《住宅性能评定技术标准》GB/T 50362—2005作为住宅性能评定工作的技术依据，自2005年发布以来，经历了一次修订，新版标准计划即将于2022年发布。

住宅性能评定工作在2018年以前一直称为"住宅性能认定"。2018年4月，《住宅性能评定标准》修订审查会上，专家建议"住宅性能认定"称谓与标准名称相统一，即统称为"住宅性能评定"。随后，在住房和城乡建设部科技与产业化发展中心制订的新版《建筑性能评定办法（试行）》中，也将"住宅性能认定"统称为"住宅性能评定"。

在新版评定标准即将发布之际，针对我国住宅品质提升和建筑高质量发展所面临的现实要求，回顾我国住宅性能评定工作及高品质住宅建设20多年的发展历程，参照部分优秀项目案例，提炼出我国住宅品质提升的相关启示，分析现阶段我国住宅品质提升的主要问题及原因，结合现阶段我国高品质住宅建设和住宅品质提升的政策要求，对我国高品质住宅建设和住宅品质提升工作的发展方向进行展望。力求能够对我国住宅品质提升和建筑高质量发展提供有益的借鉴和参考。

目 录

第一章　我国高品质住宅建设工作的缘起　001
一、我国高品质住宅建设的历史背景　001
二、国外高品质住宅建设的影响　002

第二章　我国住宅性能认定制度的建立　004
一、住宅性能认定制度　004
二、工作机构的建立　005
三、住宅性能认定及评审委员会　007
四、管理办法的发布　009
五、指标体系的建立和试评　013

第三章　我国住宅性能认定工作的发展　015
一、评定标准的制定和修订　015
二、各地工作机构的建立　022
三、试点城市的设立　025
四、配套政策的制订　028
五、与"广厦奖"的协同发展　039
六、取得金融支持　041
七、广泛开展相关研究工作　043
八、项目经验总结与宣传推广　049
九、项目积累与机构变迁　051

十、住宅性能认定工作的现实意义和发展面临的问题　　053

第四章　高品质住宅优秀案例　　057
一、淄博市临淄区方正·康悦城（一期）　　057
二、德州市德州·壹号院　　071
三、南宁市盛天东郡公园ONA　　084
四、天津市格调林泉苑　　097
五、哈尔滨市华润凯旋门　　109
六、蚌埠市荣盛华府一期　　122
七、涡阳市邦泰·壹号院　　134
八、长治市山西三建华苑东区　　147
九、长沙市恒大御景天下一期　　160
十、哈尔滨市宝宇·天邑澜山　　174
十一、淄博市福园小区　　186
十二、临沂市奥正诚园　　198
十三、临沂市环球金水湾二期　　212
十四、滕州市中房·缇香郡二期　　225

第五章　我国高品质住宅建设的启示与面临的问题　　239
一、我国高品质住宅建设的启示　　239
二、影响我国住宅品质提升的问题　　241

第六章　我国高品质住宅建设发展展望　　245
一、总体原则　　245
二、相关要求　　245
三、发展方向　　248
四、对策建议　　249

参考文献　　251

第一章 我国高品质住宅建设工作的缘起

一、我国高品质住宅建设的历史背景

(一) 住房制度改革

我国于1994年发布了《国务院关于深化城镇住房制度改革的决定》,正式把住房建设投资单位统包的体制改变为国家、单位、个人三者合理负担,以此作为城镇住房制度改革的基本内容之一。同时,把建立以中低收入家庭为对象、具有社会保障性质的经济适用住房供应体系和以高收入家庭为对象的商品房供应体系作为改革的目标,并开始全面建立并推行住房公积金制度。1998年,我国《国务院关于进一步深化城镇住房制度改革加快住房建设的通知》中进一步明确提出:逐步实行住房分配货币化,建立和完善以经济适用住房为主的多层次城镇住房供应体系。

国务院宣布停止住房实物分配后,住房市场空前活跃起来。一方面,国家建立多元多层次的住房供应体系,促进我国住宅建设水平的全面提升,引导居民放心买房、买放心房,对高品质住宅的建设提出了需求;另一方面,住宅逐渐成为新的消费热点,消费者需要花费大额资金用于购买住房,在住房品质可以选择的前提下,对高品质住宅的需求更加旺盛。住房需求已经由单纯的数量需求进入到数量和质量同时并重阶段,并逐渐呈现质量型的需求特征,对住宅的工程质量、功能质量、环境质量和管理服务质量都提出了更高的要求。

随着住房制度的改革深化,我国住房商品化、社会化迈开了关键的一步。在中央实施积极财政政策,加大基础设施及住宅建设投入,培育新的经济增长点,扩大内需,拉动经济增长的经济政策引导下,住宅建设进入了我国住宅建设史上建设规模最大的历史时期。住宅产业化工作在这样的背景下迅速启动和逐步推开，住宅产业化和高品质住宅建设发展面临着难得的历史机遇。

（二）政策文件引导

为满足人民群众日益增长的住房需求，加快住宅建设从粗放型向集约型转变，推进住宅产业现代化，提高住宅质量，促进住宅建设成为新的经济增长点，1999年8月国务院办公厅印发了《国务院办公厅转发建设部等部门关于推进住宅产业现代化提高住宅质量若干意见的通知》（国办发〔1999〕72号），掀起了推进住宅产业现代化的序幕，推动住宅建设水平不断提升。文件明确指出，要"重视住宅性能评定工作，通过定性和定量相结合的方法，制定住宅性能评定标准和认定办法，逐步建立科学、公正、公平的住宅性能评价体系"。

为继续深化城镇住房制度改革，基本建立符合社会主义市场经济要求的满足人民群众需要的城镇住房新体制，建设部发布的《建设事业"十五"计划纲要》提出要"基本建立符合社会主义市场经济要求的城镇住房新体制，提高城乡居民的居住水平"，将"建立和完善促进住宅产业化发展的各项制度，形成基本完善的住宅产业政策体系"作为主要措施，将住宅性能认定体系作为住宅产业需要继续建设的五大体系之一，并明确提出要"推行住宅性能认定制度"。

二、国外高品质住宅建设的影响

住宅性能评定制度是国际通行的惯例。国外开展住宅性能评定已有多年的历史，有的国家已作为法律实施。

（一）欧美国家的住宅性能评价制度

法国1948年就制定了建筑新技术、新产品评价认定（审定）制度，对建筑中使用的新部品和新技术进行认定。法国"住宅性能评定制度"（Qualitel）于1974年正式建立，并由专门机构组织评价和认定。此后住宅性能评定制度逐步扩展到整个欧洲。1960年法国、比利时、西班牙、荷兰、葡萄牙等国建立了欧洲联合会建筑技术审定书制度（UEATC）。现在西欧共同体各国均加入了这一组织。美国、澳大利亚和新西兰也采取类似的评定性能等级的机制。

1998年，美国环保局（EPA）与美国能源部（DOE）设立建筑节能之星标识授予制度，根据对新建和既有建筑测试的结果，确定其建筑节能等级，并授予标识，以鼓励业主建造节约能源的建筑。

（二）亚洲国家的住宅性能认定制度

日本1968年第一次提出"住宅产业"，并认为住宅有必要进行工业化大生产，住宅产业是继汽车、家电行业之后的一个主导产业。为保证工业化大生产的住宅质量，建立了一整套全面完善的工业化住宅性能认定制度。

在调查了法国、英国、美国的制度后，日本于1974年推行工业化住宅性能认定制度。1974年日本建设大臣指定"日本建筑中心"为工业化住宅性能认定的管理机构，根据法令对工业化住宅性能进行技术评定和认定。工业化住宅性能认定的基本内容，主要从以下三个方面进行评价，即安全性、居住性、耐久性。其中，除结构承载能力和耐久性必须满足标准规范要求外，还将住宅的屋面、墙、内墙等各项防火性能、保温隔热、隔声、采光、节能等各项指标定量化。1999年6月推出"促进确保住宅品质等有关法律"，其核心内容就是要推行住宅的性能表示制度。2000年日本住宅性能表示基准和评价方法发布，正式实施了性能认定表示制度。2002年，日本又将住宅性能认定表示制度推广到既有住宅领域。性能认定表示制度成为住房市场交易中科学、公正评价住宅性能品质的机制，也成为日本政府在住宅方面积极推行的一项重要制度。

日本住宅性能表示基准由9个领域、29项组成。9个领域主要包括：结构安全性、防火安全性、减轻老化性能、日常维修管理、保温隔热环境性能、空气环境性能、采光及照明环境、隔声性能、高龄者生活对应性能等。

韩国根据《住宅法》第21条第2款于2005年1月8日设立住宅性能等级标示制度，同时规定从2006年1月9日开始实施。韩国性能标示分为1级、2级、3级、4级，其内容及运作和日本相似。

第二章 我国住宅性能认定制度的建立

一、住宅性能认定制度

(一)住宅性能认定制度简介

住宅性能认定,系指住宅按照国务院建设行政主管部门发布的住宅性能评定方法和标准及统一规定的认定程序,经评审委员会进行技术审查和认定委员会确认,并获得认定证书和认定标志以证明住宅的性能等级。住宅性能认定制度以国家标准为依据,以全面评定住宅的适用、环境、经济、安全、耐久五大性能为抓手,以保障消费者权益和引导住房理性消费为特色,以鼓励开发商提高住宅性能为目的,以推进我国住宅产业现代化为根本目标,是推进我国住宅产业现代化和提高我国住宅性能品质的重要保障。

(二)建立住宅性能认定制度的目的

住宅性能认定是对住宅质量综合评价,对住宅规划、设计、施工、住宅配套技术及住宅部品质量检验,是住宅产业化水平的重要标志,也是促进住宅技术进步,推进住宅产业现代化,提高住宅质量的有效手段和途径。住宅性能认定就是将住宅作为最终产品,通过定性和定量相结合的方法,对其品质做综合评价,并对住宅分等定级。住宅性能认定尽管是后评估,但通过建立这项制度,促使住宅开发、设计、施工者从住宅建设的可行性研究开始进行深入的市场调查研究,有计划、有目标地开发建设符合市场需求的各种等级住宅,促使住宅建设管理者精心规划、精心设计、精心施工,在技术、材料、设备产品的选用等方面精心挑选、严格把关,从而提高住宅的整体质量。同时,通过住宅性能认定，给住宅分等定级，提高了住宅品质和价格的透明度，为消费者选择住房提供依据。

二、工作机构的建立

（一）建设部住宅产业化办公室

为贯彻落实国家和建设部有关住宅建设与产业化方针、政策，集中力量组织实施国家重大科技产业工程，建立和完善我国住宅产业化的技术管理体系，提高住宅产业现代化的总体技术水平，推进住宅建设产业化进程，1998年7月9日建设部决定成立建设部住宅产业化办公室，结合1998年政府机构改革，撤消原设立在房地产业司的建设部住宅建设办公室、科技司的国家2000年小康型城乡住宅科技产业工程项目办公室（简称"小康办"）、原建设部住宅小区试点办公室，即"三办"合并组建成立了住宅产业化办公室。1999年12月23日，根据中央机构编制委员会办公室批复（中编办字〔1999〕112号），2001年将建设部住宅产业化办公室改组为建设部住宅产业化促进中心（以下简称：住宅中心）。

住宅中心主要职能是：①统一管理和协调、指导有关城市住宅小区建设试点、国家2000年小康型城乡住宅科技产业工程和建设部住宅产业现代化示范及试点工作，对全国经济适用住宅建设提供技术指导；②以科技为先导，研究建立我国住宅建设开发技术体系，负责提出住宅产业化技术建议，促进住宅技术的更新换代和住宅产品的结构调整，实现住宅产业系列开发、集约生产、商品化供应，推动住宅产业现代化；③受建设部委托，组织实施建设部及有关政府部门关于住宅建设与住宅产业的技术政策；协助办理住宅建设与住宅产业化专项业务工作；④建立住宅性能及住宅部品的评估、认定并组织实施；⑤负责提出有关住宅的技术开发项目及各类示范工程，报建设部批准后组织实施；根据市场需要，开展有关住宅及部品的技术开发，提供住宅技术服务；⑥开展住宅技术信息及国际科技合作。

住宅中心机构编制：人员编制50人，机构设：综合处、示范工程处、住宅性能认定处、部品认定处、信息合作部、技术开发部共6个处室。

（二）住宅性能认定处

1998年7月，建设部成立住宅产业化办公室，内设住宅性能认定处，开始筹备建立住宅性能认定制度。性能认定处是专门负责住宅性能认定工作的具体处室。

依据建住房〔1999〕114号文件，性能认定处的职能为：①组织具体实施全国商品住宅性能认定工作；②组织起草全国商品住宅性能认定工作的规章制度、商品住宅性能评定方法和标准；③负责全国统一的商品住宅性能认定证书和认定标志的制作和管理；④组织制定商品住宅性能认定委员会章程和评审委员会章程；⑤负责组织和管理全国商品住宅性能评审委员会和国家住宅试点（示范）工程的性能认定工作；⑥负责3A级商品住宅性能认定的复审工作；⑦对全国商品住宅性能认定管理工作实行监督、检查。

根据单位合并以后的《关于印发〈部科技发展促进中心与住宅产业化促进中心合并重组方案〉的通知》（建人直〔2012〕55号），性能认定处的具体职能为：负责组织开展和指导全国住宅（建筑）性能认定工作。承担组织开展住宅性能认定和规章制度、评定方法制定工作；开展非住宅类建筑性能认定研究；负责全国统一的性能认定证书和认定标志的管理；负责组织管理全国住宅性能评审委员会的工作。

（三）地方机构

1. 天津市

为了进一步提高天津市住宅功能、环境质量，促进住宅产业的技术进步，规范商品住宅市场，保障住宅消费者利益，1999年8月10日，天津市城乡建设管理委员会转发《商品住宅性能认定管理办法》（建房〔1999〕727号），并对天津市住宅性能认定工作提出几点意见，对具体工作进行了部署。其中包括：市建委负责管理本市行政区域内的商品住宅性能认定工作；天津市住宅产业现代化办公室负责组建天津市商品住宅性能认定委员会及相应的评审委员会，负责组织制定《商品住宅性能认定管理办法天津地区实施细则》，并负责组织培训商品住宅性能认定的骨干及各类专业人员；下半年对列入国家、市级住宅试点示范工程的新建住宅小区进行商品住宅性能认定的试评工作；成立天津市商品住宅性能认定委员会秘书处，秘书处设在住宅产业现代化办公室（图2-2-1）。

2. 辽宁省

2000年8月7日，沈阳市城乡建设委员会转发《关于开展住宅性能试评工作的通知》（沈建委发〔2000〕117号），文件规定，鉴于当前沈阳市住宅性能认定委员会尚未成立，试评工作暂由沈阳市住宅产业化管理办公室组织协调，并负责沈阳市试评项目的审核、申报工作（图2-2-2）。

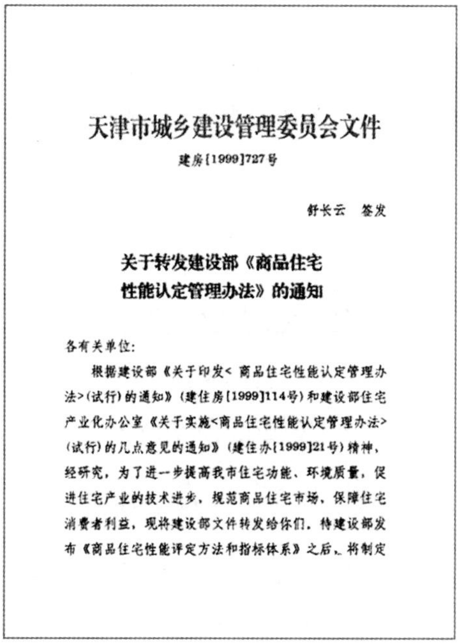

天津市城乡建设管理委员会文件

建房[1999]727号

舒长云　签发

关于转发建设部《商品住宅性能认定管理办法》的通知

各有关单位:

根据建设部《关于印发< 商品住宅性能认定管理办法>(试行)的通知》(建住房[1999]114号)和建设部住宅产业化办公室《关于实施<商品住宅性能认定管理办法>(试行)的几点意见的通知》(建住办[1999]21号)精神，经研究，为了进一步提高我市住宅功能、环境质量，促进住宅产业的技术进步，规范商品住宅市场，保障住宅消费者利益，现将建设部文件转发给你们。待建设部发布《商品住宅性能评定方法和指标体系》之后，将制定

图2-2-1　建房〔1999〕727号文件

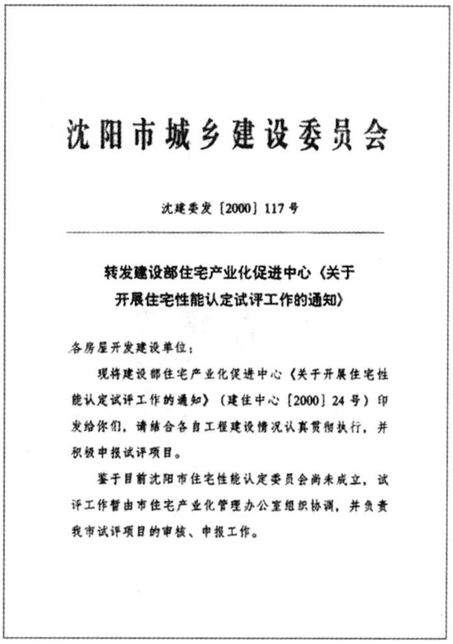

沈阳市城乡建设委员会

沈建委发〔2000〕117号

转发建设部住宅产业化促进中心《关于开展住宅性能认定试评工作的通知》

各房屋开发建设单位：

现将建设部住宅产业化促进中心《关于开展住宅性能认定试评工作的通知》（建住中心〔2000〕24号）印发给你们，请结合各自工程建设情况认真贯彻执行，并积极申报试评项目。

鉴于目前沈阳市住宅性能认定委员会尚未成立，试评工作暂由市住宅产业化管理办公室组织协调，并负责我市试评项目的审核、申报工作。

图2-2-2　沈建委发〔2000〕117号文件

三、住宅性能认定及评审委员会

（一）江西省

为了全面提高住宅功能质量，促进住宅科技进步，规范商品住宅市场，保障住宅消费者的利益，遵照建设部《商品住宅性能认定管理办法》(建住房〔1999〕114号）精神，1999年7月26日，江西省建设厅印发《关于成立江西省商品住宅性能认定委员会和评审委员会的通知》(赣建房字〔1999〕21号)。决定成立江西省商品住宅性能认定委员会和评审委员会，并公布了主任委员、副主任委员、委员等组成人员名单（图2-3-1)。

（二）辽宁省

2001年5月24日，大连市城乡建设委员会批复大连市住宅产业化促进中心《关于同意组建大连市商品住宅性能认定及评审委员会的批复》(大建委发〔2001〕61号)，原则同意组建大连市商品住宅性能认定及评审委员会，并对认定委员和评审委员会的相关职责做出了具体规定。商品住宅性能认定委员会在市住建委领导下，组织大连市商品住宅2A、1A级性能认定及认定项目的跟踪管理等项工作。商品住宅性能认定委员会办公室设在市住宅产业化促进中心。办公室负责商品住宅性能认定工作的日常管理。商品住宅性能评审委员会由大连市建筑协会住宅产业分会负责组织与管理。评审委员会在认定委员会的指导下，开展大连市商品住宅性能认定评审工作（图2-3-2）。

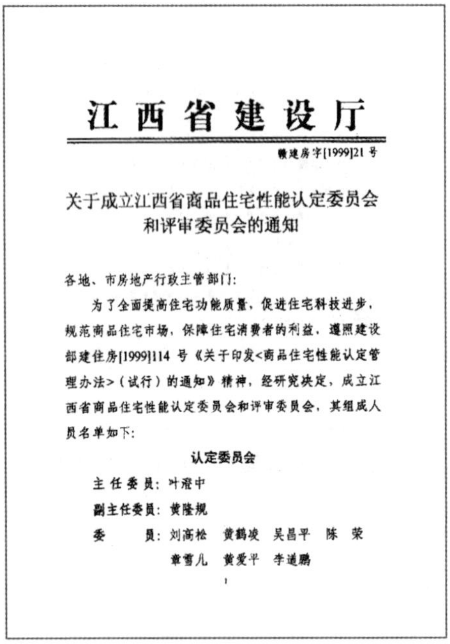

图2-3-1　赣建房字〔1999〕21号文件

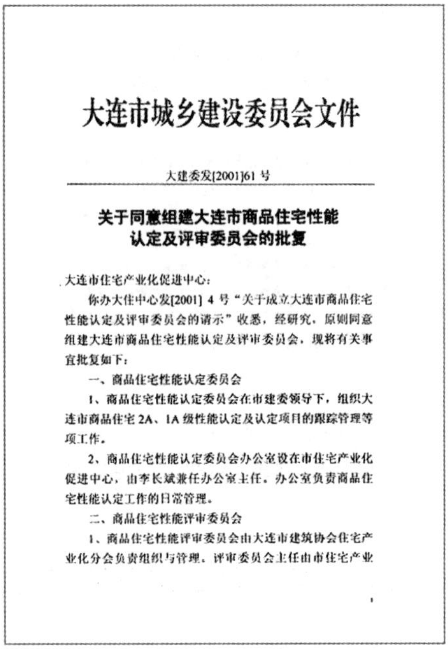

图2-3-2　大建委发〔2001〕61号文件

为了更好地在沈阳市开展住宅性能认定的试评工作，2001年6月13日，沈阳市城乡建设委员会印发《关于成立沈阳市商品住宅性能认定和评审委员会的通知》（沈建委发〔2001〕61号），决定成立沈阳市商品住宅性能认定委员会和沈阳市商品住宅性能评审委员会，负责沈阳市商品住宅性能认定和评审的组织实施工作。并公布了认定委员会和评审委员会组成人员名单（图2-3-3）。

（三）新疆维吾尔自治区

为在本区推行商品住宅性能认定制度，开展商品住宅性能认定工作，新疆维吾尔自治区建设厅组建了自治区商品住宅性能认定委员会，设立了自治区住宅性能认定委员会专家库。认定委员会在建设厅房产处下设办公室，负责处理商品住宅性能认定日常工作。2003年3月20日，新疆维吾尔自治区建设厅印发《关于成立自治区商品住宅性能认定委员会的通知》（新建房〔2003〕7号），公布了自治区商品住宅性能认定委员会人员名单、自治区商品住宅性能认定委员会办公室人员名单和自治区商品住宅性能认定委员会专家库名单（图2-3-4）。

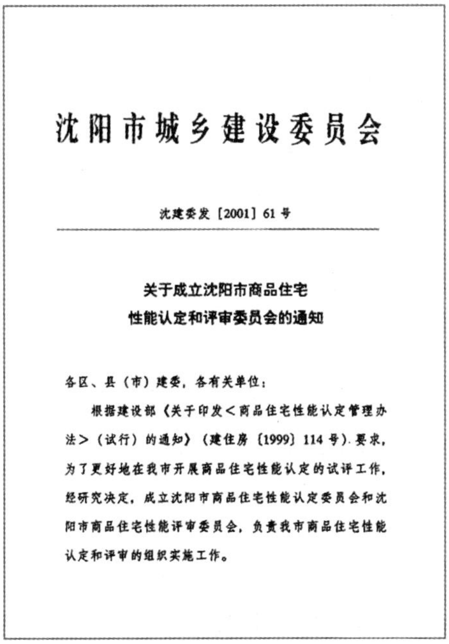

图2-3-3　沈建委发〔2001〕61号文件

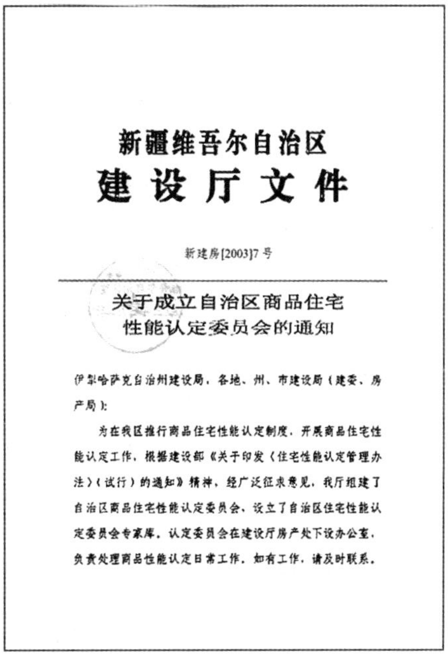

图2-3-4　新建房〔2003〕7号文件

四、管理办法的发布

（一）部管理办法

为了适应我国建立社会主义市场经济体制和实行住宅商品化的需要，促进住宅技术进步，提高住宅功能质量，规范商品住宅市场，保障住宅消费者的利益，推行商品住宅性能认定制度，建设部于1999年4月29日发布了《关于印发〈商品住宅性能认定管理办法〉（试行）的通知》（建住房〔1999〕114号）。该办法对住宅性能认定工作的范围、申报条件、组织管理、认定的主要内容、认定程序、认定的变更和撤销等内容都进行了具体规定。并决定从1999年7月1日起在全国试行住宅性能认定制度。自此，住宅性能认定工作有了制度依据（图2-4-1）。

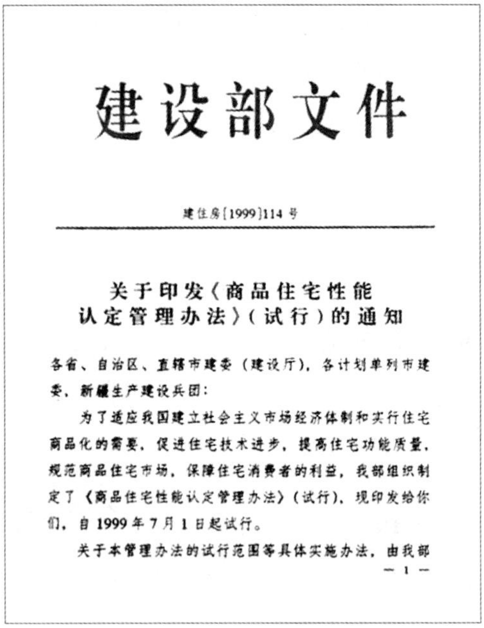

图 2-4-1　建住房〔1999〕114号文件

（二）配套管理文件

为使住宅性能认定制度得以实施，建设部住宅产业化促进中心起草了一些配套管理文件，包括《关于实施〈商品住宅性能认定管理办法〉(试行)的几点意见》《商品住宅性能认定实施细则(讨论稿)》《商品住宅性能认定委员会章程范本》《关于开展住宅性能认定试评工作的通知》《住宅性能认定申请表》《住宅性能预审申报材料、图纸的统一要求》《关于对列入住宅性能认定试评工作计划项目进行跟踪管理的通知》等，对住宅性能认定申报的程序和评定方法等作了具体规定。

（三）地方管理规定

1. 湖北省

为了使商品住宅性能认定工作在湖北省逐步展开，1999年12月10日，湖北省建设厅印发《关于我省实施〈商品住宅性能认定管理办法〉(试行)的几点意见的通知》(鄂建〔1999〕207号)。就住宅性能认定的工作机构、机构职责、性能认定范围、认定工作的统一性和权威性等进行了规定。其中规定：设立湖北省商品住宅性能认定专家指导委员会，作为全省商品住宅性能认定委员会正式组建前的过渡性机构，任期暂定一年；专家指导委员会在过渡期内统一组织和管理全省的商品住宅性能认定和评审工作（图2-4-2）。

为了使商品住宅性能认定工作能够在武汉市逐步展开，根据建设部《商品住宅性能认定管理办法（试行）》和建设部住宅产业化促进中心《关于开展住宅性能认定试评工作的通知》精神，2001年4月19日，武汉市城市综合开发管理办公室发布《市开发办关于我市开展住宅性能认定试评工作的通知》(武开管办〔2001〕051号)。对试评的目的、试评工作的组织机构、试评工作的程序、申报项目应具备的条件等进行了规定。其中规定：试评工作由市开发办负责组织协调，住宅产业发展处具体负责受理项目申报等日常工作。项目的技术评审工作由市开发办聘请建设部及省、市有关专家组成专家评审委员会具体负责（图2-4-3）。

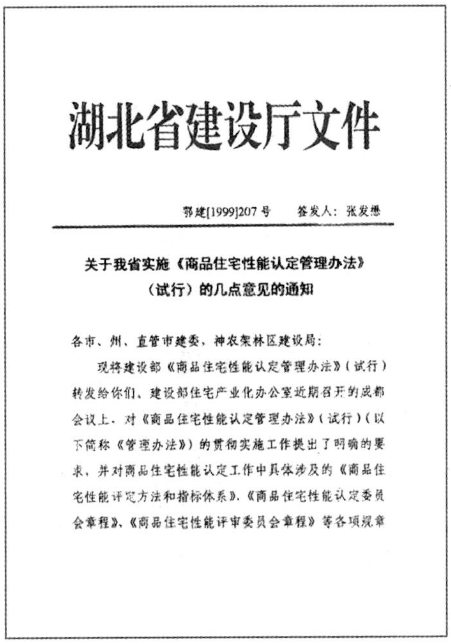

湖北省建设厅文件

鄂建[1999]207号　　签发人：张发懋

关于我省实施《商品住宅性能认定管理办法》（试行）的几点意见的通知

各市、州、直管市建委，神农架林区建设局：

现将建设部《商品住宅性能认定管理办法》（试行）转发给你们。建设部住宅产业化办公室近期召开的成都会议上，对《商品住宅性能认定管理办法》（试行）（以下简称《管理办法》）的贯彻实施工作提出了明确的要求，并对商品住宅性能认定工作中具体涉及的《商品住宅性能评定方法和指标体系》、《商品住宅性能认定委员会章程》、《商品住宅性能评审委员会章程》等各项规章

图2-4-2　鄂建〔1999〕207号文件

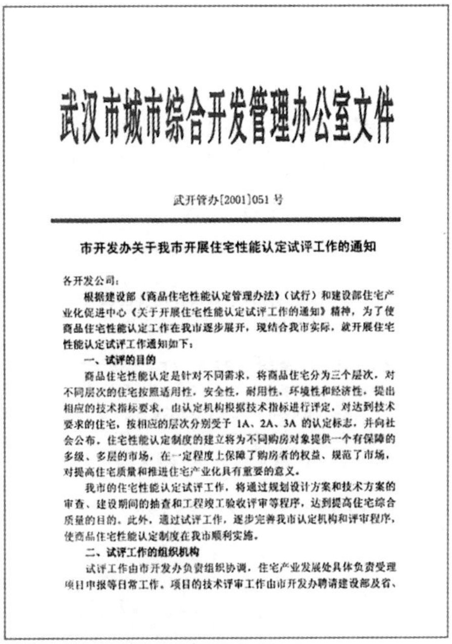

武汉市城市综合开发管理办公室文件

武开管办[2001]051号

市开发办关于我市开展住宅性能认定试评工作的通知

各开发公司：

根据建设部《商品住宅性能认定管理办法》（试行）和建设部住宅产业化促进中心《关于开展住宅性能认定试评工作的通知》精神，为了使商品住宅性能认定工作在我市逐步展开，现结合我市实际，就开展住宅性能认定试评工作通知如下：

一、试评的目的

商品住宅性能认定是针对不同需求，将商品住宅分为三个层次，对不同层次的住宅按照适用性，安全性，耐用性，环境性和经济性，提出相应的技术指标要求，由认定机构根据技术指标进行评定，对达到技术要求的住宅，按相应的层次分别受予1A、2A、3A的认定标志，并向社会公布。住宅性能认定制度的建立将为不同购房对象提供一个有保障的多级、多层的市场，在一定程度上保障了购房者的权益、规范了市场，对提高住宅质量和推进住宅产业化具有重要的意义。

我市的住宅性能认定试评工作，将通过规划设计方案和技术方案的审查、建设期间的抽查和工程竣工验收评审等程序，达到提高住宅综合质量的目的。此外，通过试评工作，逐步完善我市认定机构和评审程序，使商品住宅性能认定制度在我市顺利实施。

二、试评工作的组织机构

试评工作由市开发办负责组织协调，住宅产业发展处具体负责受理项目申报等日常工作。项目的技术评审工作由市开发办聘请建设部及省、

图2-4-3　武开管办〔2001〕051号文件

2.陕西省

1999年11月25日，陕西省建设厅印发《陕西省商品住宅性能认定实施细则（试行）》(陕建房〔1999〕278号)。对性能认定的范围、申报要求、认定组织、认定内容、认定程序等做出了具体规定。并公布了陕西省商品住宅性能认定委员会成员名单。其中，陕西省政府建设行政主管部门负责指导和管理本省行政区域内的商品住宅性能认定工作。商品住宅性能认定工作由认定委员会和

评审委员会组织实施(图2-4-4)。

3. 河北省

2000年1月24日,河北省建设委员会印发《河北省商品住宅性认定管理暂行规定》(冀建房〔2000〕16号)。对性能认定的范围、申报要求、组织管理、认定的主要内容、认证证书和认定标志以及相关责任等内容做出了具体规定。其中规定:省政府建设行政主管部门负责指导和管理全省的商品住宅性能认定工作。各设区的市政府建设(房地产)行政主管部门负责指导和管理本行政区域内的商品住宅性能认定工作。省、设区市主管部门负责组建各级商品住宅性能认定委员会,各设区市设立的商品住宅性能认定委员会需经省商品住宅性能认定委员会确认(图2-4-5)。

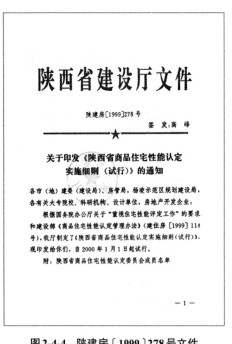

图2-4-4 陕建房〔1999〕278号文件

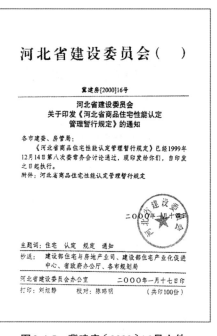

图2-4-5 冀建房〔2000〕16号文件

4. 重庆市

为满足人民群众日益增长的住宅需求,加快住宅技术进步,提高住宅质量,规范商品住宅市场,保障住宅消费者的权益,促进住宅建设成为新的经济增长点,2001年5月17日,重庆市建设委员会印发《重庆市商品住宅性能认定管理暂行办法》(渝建发〔2001〕90号)。对住宅性能认定的范围、组织管理、主要内容、认定程序、申报材料要求、认定证书和标志的管理等内容做出了具体规定。其中规定：市建设行政主管部门负责管理全市的商品住宅性能认定工作，重庆市住宅产业化办公室（设在市建委科教处）负责商品住宅性能认定日常管理工作；区县（自治县、市）建设行政主管部门协助市建设行政主管部门做好商品住宅性能认定工作（图2-4-6）。

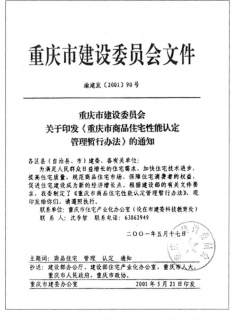

图2-4-6　渝建发〔2001〕90号文件

五、指标体系的建立和试评

（一）指标体系的建立

为贯彻落实国办发〔1999〕72号文件相关要求，1999年建设部住宅产业化办公室在吸收国内和国外先进的技术、产品和理念的基础上，加以集成和提升，编制完成了《商品住宅性能评定方法和指标体系（征求意见稿）》。2000年9月，在收集了对《商品住宅性能评定方法和指标体系（征求意见稿）》的修改意见后，修改完成《商品住宅性能评定方法和指标体系（试行）》，自此，指标体系的正式执行稿出台（图2-5-1）。住宅性能评定工作有了技术依据。此后，为了力求能够反映住宅发展的最新成果，引导新技术的应用，总结先进适用的住宅开发经验，以引导和提高住宅的综合性能，指标体系又相继修订完善为2002年版和2004年版。

图2-5-1 2000年版《商品住宅性能评定方法和指标体系》及资料汇编

《商品住宅性能评定方法和指标体系》(2004年版)(以下简称《指标体系》)包含了适用性能、环境性能、经济性能、安全性能及耐久性能五大方面,《指标体系》采用定性和定量相结合的方法,全面系统地对住宅的工程质量、功能质量和环境质量作出了科学、客观、公正的规定,综合反应了住宅的性能水平,体现了以人为本的原则和绿色、生态、可持续发展的产业政策。

(二)试评工作的开展

由于商品住宅性能认定是一项开创性的工作,专业技术性强,为了使住宅性能评定指标体系具有可操作性和科学性,推动住宅性能认定工作的全面开展,2000年1月21日,建设部住宅产业化促进中心印发《关于开展住宅性能认定试评工作的通知》,决定自2000年下半年开始,在全国各省、自治区、直辖市选择部分新建住宅小区开展住宅性能认定试评工作。建设部住宅产业化促进中心陆续组织陕西、云南、浙江、重庆、上海、大连、深圳等省市的小区进行了性能认定试评,根据试评的情况,对《商品住宅性能评定方法和指标体系(试行)》进行了修改和完善。

在工作机构建立、管理办法出台、评价指标体系制定之后,住宅性能认定制度初步建立起来。

第三章 我国住宅性能认定工作的发展

住宅性能评定工作自开展以后,在各地建设主管部门和房地产企业的大力支持下,工作机构陆续建立,试点城市分批设立,相关激励政策陆续制定,性能评定工作得到了长足发展。

一、评定标准的制定和修订

(一)评定标准制定

为贯彻落实国办发〔1999〕72号文件相关要求,性能认定处组织相关单位,主持制定了国标《住宅性能评定技术标准》GB/T 50362—2005。该标准2005年11月30日由中华人民共和国建设部、中华人民共和国国家质量监督检疫总局发布,2006年3月1日起实施。《住宅性能评定技术标准》是我国住宅性能方面的唯一国家标准,是我国高品质住宅的标杆。该标准的实施,为住宅性能认定工作提供了技术依据(图3-1-1、图3-1-2)。

《住宅性能评定技术标准》(以下简称《标准》)将住宅的综合品质分为适用性能、环境性能、经济性能、安全性能和耐久性能等五大方面,分28个项目、100个分项、268个子项对住宅的各项指标进行打分和综合评价,以最终确定住宅的综合性能等级,反映住宅的综合性能水平,体现节能、节地、节水、节材等产业技术政策,倡导土建装修一体化。依据该标准相关规定,住宅性能评审工作包括设计审查、中期检查、终审三个环节。其中设计审查在初步设计完成后进行,中期检查在主体结构施工阶段进行,终审在项目竣工后进行。

住宅性能评定原则上以单栋住宅为对象,也可以单套住宅或住区为对象进

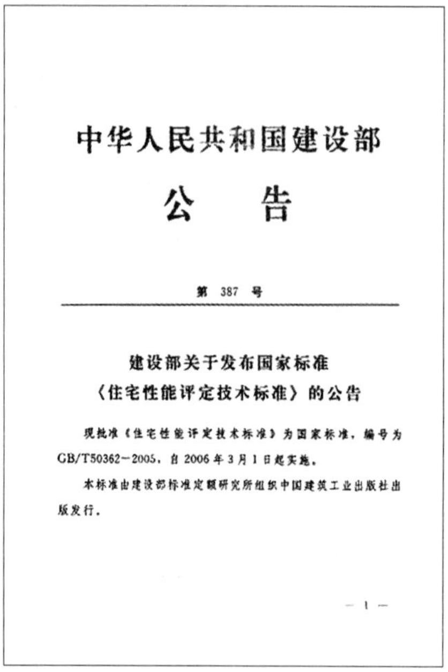

图 3-1-1　关于发布《住宅性能评定技术标准》的公告

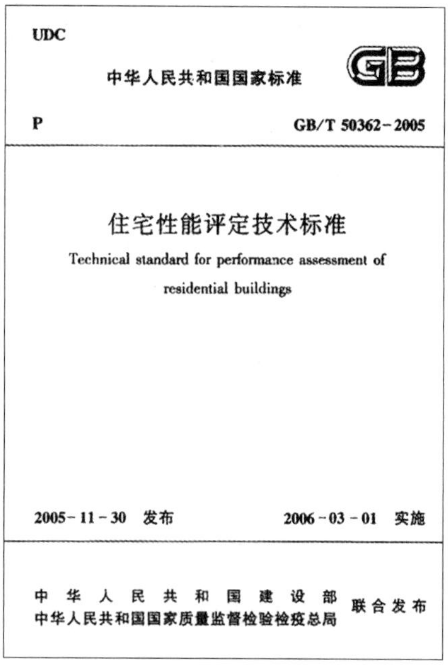

图 3-1-2　《住宅性能评定技术标准》

行评定。凡是通过性能认定的住宅统称为"A级住宅"。"A级住宅"按照住宅性能评定方法和标准由低至高依次划分为"1A（A）""2A（AA）""3A（AAA）"三级。其中，对于A级住宅设置了20个一票否决指标，对于3A级住宅设置了6个一票否决指标。可以说，通过住宅性能认定的住宅，都是同类住宅中较高品质的住宅。

（二）评定标准的特点

1. 首次将开发者、设计者、消费者三者统一到同一平台

首先，对于开发建设单位，明确不同等级住宅应该按照什么样的标准去打造；其次，对于设计单位，明确了具体的空间尺寸等要求，便于设计者的住宅作品达到理想的性能等级；最后，基于消费者的角度设置各种评价指标，使消费者对于什么是"好房子"一目了然。首次将住宅消费者的利益放到了与开发建设单位、设计单位统一的高度，真正实现了消费者与开发建设单位、设计单位的信息对称和地位对等，真正将住宅消费者摆到了"上帝"的地位。

2. 用"五大性能"为住宅综合性能品质把关

《标准》将住宅的综合性能划分成适用性能、环境性能、经济性能、安全性能和耐久性能五个方面，对住宅的各项指标进行打分和综合评价后，最终确定住宅的综合性能等级。住宅适用性能是指由住宅建筑本身和内部设备设施配置所决定的适合用户使用的性能；住宅环境性能是指在住宅周围由人工营造和自然所形成的外部居住条件的性能；住宅经济性能是指在住宅建造和使用过程中，节能、节水、节地和节材的性能；住宅安全性能是指住宅建筑、结构、构造、设备、设施和材料等不形成危害人身安全并有利于用户躲避灾害的性能；住宅耐久性能是指住宅建筑工程和设备设施在一定年限内保证正常安全使用的性能。五大性能涵盖了住宅使用过程中的几乎所有关键指标，因此，能够真正实现为住宅综合性能质量把关的作用。

3. 用高于国家标准的指标引领我国住宅建设方向

《标准》比较系统地涵盖了住宅品质与住宅质量的各个方面，是目前我国对住宅进行全面、综合、客观评价的唯一标准。其部分指标的设置具有很强的引导性，例如：关于可容纳担架的电梯的设置、关于住宅隔声性能的规定、关于绿地配置指标的具体和细化、关于住宅各部分的使用年限的规定等，都是基于对住宅全寿命周期内消费者使用全过程的考虑，早于或者高于当时的现行国家标准，引领了我国住宅建设的发展方向。尤其是《标准》最早明确提倡住宅应全装修，对于最高级别（3A级）的住宅性能认定，对是否做到全装修采用一票否决的评定方法，力推住宅全装修。这一规定对于纠正人们对住宅产品的片面认识、尽早摆脱"毛坯房"住宅长期困扰、提高资源利用效率和促进住宅产品健康发展都起到了非常重要的推进作用，促进了住宅商品向住宅产品的转化。

4. 引导和促进了相关标准规范的修订

《标准》虽然是一部推荐性标准，但是其制订具有很强的超前性。在制定之初，其很多条款都是高于当时现行国家相关标准的，具有一定超前性。它不是提出具体技术要求，而是要对达到技术要求的程度进行评判，在部分条款例如：关于可容纳担架的电梯、住宅隔声性能等指标的规定，都是优于其他标准规范的。在相关规范标准已更新的情况下，该标准仍适用。例如：关于可容纳担架的电梯的设置，《标准》在附录A评定分项"单元公共区域无障碍设施"中提出："7层及以上住宅，每单元至少设一部可容纳担架的电梯，且为无障碍电梯。"而此时《住宅设计规范》GB 50096—1999（2003修订版）仅规定："十二层及以上的高层住宅，每栋楼设置电梯不应少于两台，其中宜配置一台可容纳担架的电梯。"此后，《天津市住宅设计标准》DB 29—22—2007提出："十二层及以上的高层住宅,每栋楼设置电梯不应少于两台,其中应配置一台可容纳担架的电梯";《住宅设计规范》GB 50096—2011才对担架电梯作出较为严格的规定:"十二层及十二层以上的住宅,每栋楼设置电梯不应少于两台,其中应设置一台可容纳担架的电梯。"从这个意义上讲,《标准》的实施,引导和促进了相关标准规范的修订。

5. 将国家住宅建设发展要求贯穿于五大性能指标体系之中

《标准》是目前我国唯一的有关住宅性能的评定技术标准,适合所有城镇新建和改建住宅;反映住宅的综合性能水平;体现节能、节地、节水、节材等产业技术政策,倡导土建装修一体化,提高工程质量;引导住宅开发和住房理性消费;鼓励开发商提高住宅性能。这些基本原则和要求都具体分布在住宅五大性能的指标要求之中,既与消费者的切身利益密切相关,又与国家建立资源节约环境友好型社会的基本国策密切相关。可以说《标准》将国家住宅建设发展要求贯穿到了五大性能指标体系之中。

(三)评定标准宣贯

为贯彻落实中央关于构建社会主义和谐社会、建设节约型社会和大力发展节能省地型住宅和公共建筑等有关精神,2006年3月31日,建设部办公厅印发《关于做好〈住宅建筑规范〉、〈住宅性能评定技术标准〉和〈绿色建筑评价标准〉宣贯培训工作的通知》。要求进一步提高对标准重要性的认识,认真组织有关人员参加师资培训,因地制宜开展标准的宣贯培训工作。其中指出:《住宅性能评定技术标准》是在《住宅建筑规范》的基础上,进一步引导住宅建筑向更加科学合理、更加节约能源资源、更加注重性能要求的方向发展,将对我国住宅建筑的建设、使用、维护、管理发挥重要作用。各地要结合本地工作实际,认真组织制定宣贯工作方案和培训计划,采取有力措施,因地制宜地开展形式多样的宣贯培训工作,切实取得成效,确保从事住宅工程建设的有关主要管理人员和技术人员普遍得到轮训,提高贯彻执行标准的自觉性(图3-1-3)。

此后,各地陆续开展了标准的宣贯工作。其中,2006年7月至2007年8月,山东省先后在全省各城市组织了18次《住宅性能评定技术标准》《住宅建筑规范》及住宅产业化技术宣贯培训班,要求各设区城市、县(县级市)的住宅产业化管理机构及骨干开发企业有关领导和工作人员参加培训班,先后培训

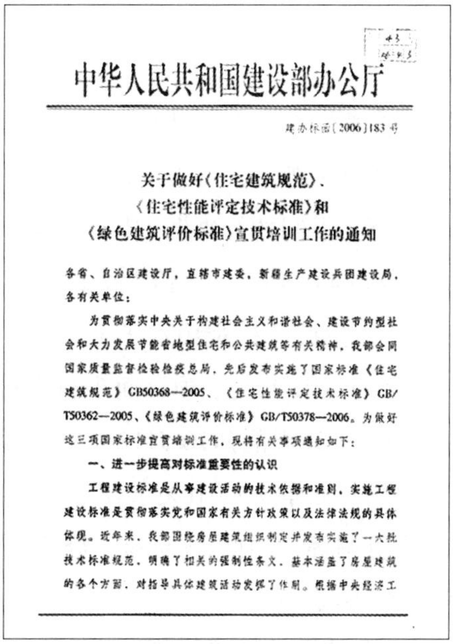

图3-1-3 《住宅性能评定技术标准》宣贯通知

近5000人。通过培训，使全省有关单位对住宅产业化和住宅性能认定有了全面系统的了解，使建设省地节能环保型住宅、提高住宅品质的理念深入人心，为住宅性能认定工作的开展打下了坚实的基础。

（四）评定标准修订

根据住房和城乡建设部《关于印发2014年工程建设标准规范制订修订计划的通知》（建标〔2013〕169号）的要求，标准编制组经广泛调查研究，认真总结实践经验，参考有关国际标准和国外先进标准，并在广泛征求意见的基础上，对《住宅性能评定技术标准》进行了修订。修订版的标准预计将于2022年批准发布。标准的主要技术内容是："1.总则；2.术语；3.基本规定；4.适用性能；5.环境性能；6.经济性能；7.安全性能；8.耐久性能。"

1.修订的导向与重点

（1）紧跟国家房地产宏观政策要求。住宅性能认定是遵循自愿申请的原则，近年来，随着国家房地产市场宏观调控的严厉政策频频出台、绿色建筑的迅猛发展等外在因素的影响，住宅性能认定制度的发展也面临着一系列问题。如何突破现状，寻求长远、稳定、全面发展，成为住宅性能认定制度需要深入思考和探讨的问题。那么顺应社会发展趋势，紧跟国家房地产宏观政策要求，是住宅性能认定发展需要重点考虑的问题之一，也是《标准》修订需要把握的基本原则和导向。

（2）进一步与相关标准规范相适应。《标准》与同期及以后发布和实施的标准和规范相比，有需要协调的规定。例如，同期发布和实施的《住宅建筑规范》GB 50368—2005为"全文强制的标准"，其中规定"人工景观水体的补充水严禁使用自来水"，而《标准》规定："申请性能评定的住宅必须符合国家现行有关强制性标准的规定"，按此，景观用水子项"不用自来水为景观用水的补充用水"应为含有"☆"的一票否决子项，而现行本标准并非含有"☆"的子项；再如，《民用建筑隔声设计规范》GB J118—88已修订为《民用建筑隔声设计规范》GB 50118—2010，而本标准中关于住宅隔声性能的规定所采用的评定项和指标与之都需要协调等。因此，《标准》修订时，必须首要考虑与相关国家标准规范相适应、相协调的问题。

（3）进一步适应住宅产业技术的发展趋势。《标准》实施以后的8年间，已经有850多个项目通过住宅性能认定预审，400多个项目通过住宅性能认定终审。各个住宅项目所使用的住宅产业技术也在日新月异地发展，本标准部分条文已经不能够完全适应住宅产业相关技术的发展。例如，关于可再生能源部分的规定，《标准》原来只考虑了一个项目使用一种新能源的情况，再生能源利用子项分值共计为6分，两个子项太阳能利用或者利用地热能、风能等新型能源都可以得6分；但是未考虑到如果申请评定的住宅同时利用太阳能和地热能，则分值将为12分的情况。况且，随着住宅产业相关技术的进步，一个项目使用两种及以上新能源的情况非常普遍，诸如此类与技术进步相关的部分必须进行调整，以适应住宅产业技术的发展趋势。

（4）进一步优化评定方法的科学性。本标准在某些具体评定技术方法上有需要改进的部分。例如，节能评定项目中，按照《标准》规定："当建筑设计和围护结构的要求都满足时，不必进行综合节能要求的检查和判别。反之，就必须进行综合节能要求的检查和判别，两者分值相同，仅取其中之一。"依此规定，由于采用的计算方法不同，同样是在夏热冬暖地区的规定性指标全部符合要求但没有利用可再生能源、没有遮阳设施的项目，可能比规定性指标如体形系数和窗墙面积比等不符合节能设计标准，也没有利用可再生能源、没有遮阳设施的项目，得分更低，显然不是很合理。因此，应进一步对《标准》中部分评价方法的科学性加以优化。

（5）进一步丰富评价范围。住宅性能认定制度试行之初，评价对象仅限于商品住宅。但是随着住宅性能认定对于提升住宅综合性能品质的作用的彰显和我国住宅供应的变革，各类保障性住房在住宅供应中所占的比例逐步增加，住宅类别也日益增多。如今的保障性住房不再局限于经济适用房，限价商品房、公租房、自主性商品房等逐渐涌现，另外，棚户区改造项目的住宅在部分地区也占有很大的比例。保障性住房以及棚户区改造项目是对居民基本居住条件的保障，其综合性能品质也必须得到保障。因此，必须丰富住宅性能认定的评价范围，将各类保障性住房、棚户区改造项目以及其他各类住宅试点、示范项目纳入评价范围。

（6）进一步彰显《标准》的时代特色。老龄化是近年来我国社会面临的难题之一，全国人大、全国政协每年都有数十个关于积极应对我国老龄化问题的建议和提案。由于受我国传统文化的影响，居家养老和社区养老将会是我国居民养老的主要方式，与之密切相关的住宅以及相关配套设施的规划建设是实现居家养老和社区养老的基础，"适老性"将成为未来住宅以及住区建设的新特色和基本要求。因此，住宅以及住区的"适老性"，将是《标准》修订时需要重点突出的内容。

（7）继续保持《标准》的超前性。《标准》在制定之初，具有一定的超前性。时隔8年之后的此次《标准》修订，无论是在住宅发展趋势还是住宅产业相关技术应用上，务必继续保持其超前性和引领性，才能继续发挥住宅性能认定制度的重要作用，继续使住宅性能认定工作服务于消费者、服务于开发企业、服务于政府。

2. 标准修订的主要内容

标准修订的主要内容是：①将部分条文调整，以与现行国家标准相适应；②增加了适应老龄化相关的要求和条文；③增加了建筑新技术、新产品相关的要求和条文；④将适用性能评价指标体系中"无障碍设施"评定项目，调整为"室内无障碍设施与适老化"；⑤将耐久性能评价指标体系在原来结构工程、装修工程、防水工程与防潮措施、管线工程、设备、门窗等6个评定项目的基础上，调整为：结构工程、地下防水工程、有防水要求房间、屋面防水、装修工程、管线工程、设备工程、门窗和外墙保温等共9个评定项目；⑥取消了B级评定等级；⑦调整了2A级性能的分数要求；⑧进一步优化了评价方法。

二、各地工作机构的建立

为推进住宅产业化和住宅性能认定工作，各地建设主管部门陆续成立了相应的工作机构。这些机构的成立，有力地推动了当地住宅性能认定工作的开展。

（一）黑龙江省

黑龙江省于2006年4月就在全国率先成立了建设厅内设机构、行政编制的住宅产业化办公室，专门组织指导和开展住宅产业化工作。2009年9月，黑龙江省建设厅发布《关于成立和进一步明确住宅产业化工作机构的通知》(黑建住宅〔2009〕4号)，进一步明确住宅产业化办公室的工作职能。其中：负责住宅性能认定和国家A级住宅评定和主要技术及产品应用，便是住宅产业化办公室的主要职能之一（图3-2-1）。

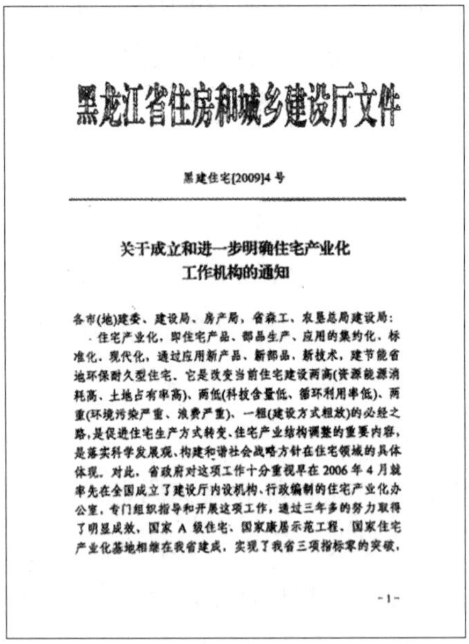

黑龙江省住房和城乡建设厅文件

黑建住宅[2009]4号

关于成立和进一步明确住宅产业化工作机构的通知

各市(地)建委、建设局、房产局，省森工、农垦总局建设局：

住宅产业化，即住宅产品、部品生产、应用的集约化、标准化、现代化，通过应用新产品、新部品、新技术，建节能省地环保耐久型住宅。它是改变当前住宅建设两高(资源能源消耗高、土地占有率高)、两低(科技含量低、循环利用率低)、两重(环境污染严重、浪费严重)、一粗(建设方式粗放)的必经之路，是促进住宅生产方式转变、住宅产业结构调整的重要内容，是落实科学发展观、构建和谐社会战略方针在住宅领域的具体体现。对此，省政府对这项工作十分重视早在2006年4月就率先在全国成立了建设厅内设机构、行政编制的住宅产业化办公室，专门组织指导和开展这项工作，通过三年多的努力取得了明显成效，国家A级住宅、国家康居示范工程、国家住宅产业化基地相继在我省建成，实现了我省三项指标零的突破，

-1-

图3-2-1　黑建住宅〔2009〕4号文件

（二）山东省

山东省济南市和青岛市最早分别成立了济南市住宅产业化发展中心和青岛市住宅产业化管理办公室，是当时山东省级别最高的两个住宅产业化机构，为山东省开展住宅产业化工作积累了经验。之后，又相继成立了淄博市住宅产业

化办公室、烟台市住宅产业化办公室、莱芜市住宅产业化办公室等3个住宅产业化工作机构，专门负责推动性能认定工作。山东省推动性能认定工作比较成功的模式是各城市房地产开发管理办公室增挂"住宅产业化办公室"牌子，既可以灵活解决人员编制问题，又可以与房地产开发建设管理统一起来，便于住宅性能认定工作的开展。山东省各地市住宅产业化工作机构的建立保证了开展性能认定工作的可持续性。

（三）上海市

2006年5月，上海市房屋土地资源管理局发布《关于开展上海市住宅性能认定试行工作的通知》（沪房地资产〔2006〕195号）文件，其中规定上海市房屋土地资源管理局负责本市住宅性能认定工作，制定发展规划和实施细则、指导和监管住宅性能认定的具体评定、组织开展培训等工作。各区（县）房地局负责组织、协调和推进本区域内的住宅性能认定工作。住宅性能认定的具体评定工作由具有独立的法人资格和相应技术条件、技术力量的科研院所或高等院校等单位承担。

（四）广东省

2007年8月，为贯彻落实国家建设节约型社会的有关部署，推动住宅产业化，提高住宅与房地产项目的节能、节地、节水、节材、环保水平，促进广东省房地产业持续健康发展，广东省建设厅回复广东省房地产行业协会《关于委托省房协承担国家康居示范工程评审和商品住宅性能认定组织工作的函》（粤建房函〔2007〕312号）。请其严格按照国家的有关规定和标准开展工作，确保评审、认定的项目能够发挥示范带动作用，切实推动广东省住宅产业化水平的提高（图3-2-2）。

（五）辽宁省

2009年4月，为加快推进辽宁省住宅产业现代化进程，提高住宅质量，改善居民居住环境，促进辽宁省房地产业持续健康发展，按照建设部《国家康居示范工程管理办法》和《商品住宅性能认定管理办法》的相关规定，辽宁省建设厅向辽宁省房地产行业协会印发《关于委托省房协承担国家康居示范工程评审和商品住宅性能认定组织工作的函》。请其严格按照国家的有关规定和标准开展工作,确保申报的项目能起到示范和带动作用,切实推动辽宁省住宅产业化水平的提高(图3-2-3)。

图3-2-2　粤建房函〔2007〕312号文件

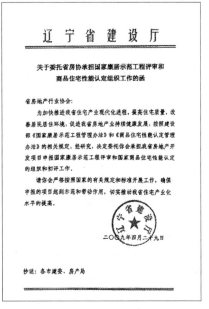

图3-2-3　辽宁省建设厅住宅性能认定工作委托函

(六)宁夏回族自治区

为进一步推行住宅性能认定制度,做好本区住宅性能评审工作,促进住宅综合品质和住宅产业化水平的提高,加快省地节能环保型住宅建设,2009年11月5日,宁夏回族自治区住房和城乡建设厅印发《宁夏住宅性能认定评审实施细则》(宁建发〔2009〕242号),对性能认定的总体原则、组织管理、评审的主要内容、需提供的资料、评审的方法和程序以及保障措施等内容进行了详细规定。明确规定:宁夏住宅产业化促进中心受宁夏住房和城乡建设厅的委托,负责制定全区住宅性能认定的相关政策并组织实施。各地级城市建设(房管)部门所属的住宅产业化工作机构负责对本行政区域内房地产开发企业申报住宅性能认定的资格、条件等相关手续进行初审(图3-2-4)。

此外,江苏省、大连市、长沙市成立了住宅产业化促进中心;安徽省、福建省、贵州省、河南省、湖南省、青海省、浙江省、新疆维吾尔自治区是由建设厅或住房保障和房屋管理局的房地产处,北京市、天津市、甘肃省、海南省、江西省、山西省是由本地房协,河北省、青岛市是由墙材革新和建筑节能

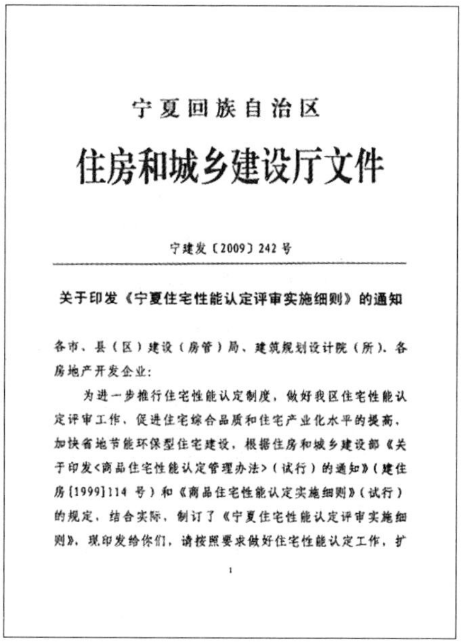

图 3-2-4　宁建发字〔2009〕242号文件

管理办公室，成都市是由市建委，具体负责住宅性能认定工作；滕州市、寿光市等县级性能认定试点城市则是由房地产开发管理办公室具体指导本地的住宅性能认定工作。

后期，随着机构改革和我中心的合并与名称变更，大部分性能认定地方工作机构逐步消失。

三、试点城市的设立

住宅性能评定工作开展3年多以后，为了适应改革的新形势，进一步推进住宅性能认定工作，建设部住宅产业化促进中心决定选择部分城市和省份开展住宅性能认定试点。探索按照市场经济规则进行A级住宅认定的模式，以便在社会主义市场经济条件下，按国办发〔1999〕72号文件要求建立起科学、公正、公平的住宅性能评价体系。为了推动各地住宅性能认定工作的开展，建设部住宅产业化促进中心于2003年批准了一批开展住宅性能认定工作的试点省市，继而于2010年批准了滕州市、寿光市等县级市作为住宅性能认定试点城市，2010年4月批准上海市作为保障性住房开展性能认定的试点城市。

(一)第一批住宅性能认定试点城市

《关于开展住宅性能认定试点工作的通知》(建住中心〔2003〕16号)文件下发以后,不少地方函至住宅产业化促进中心,要求作为住宅性能认定工作试点。2003年5月9日,建设部住宅产业化促进中心印发《关于批准江苏省等省市开展住宅性能认定试点工作的通知》(建住中心〔2003〕29号)文件,同意江苏省、陕西省、沈阳市、大连市、南京市、杭州市、厦门市、济南市、深圳市、武汉市、成都市、郑州市、温州市作为试点,开展住宅性能认定工作。望各试点省市按照党的十六大提出的"发展要有新思路,改革要有新突破,开放要有新局面,各项工作要有新举措"的要求,遵循市场经济的规律,探索按照市场经济规则进行A级住宅认定的模式,以便在社会主义市场经济条件下,按国办发〔1999〕72号文件要求逐步建立科学、公正、公平的住宅性能评价体系(图3-3-1)。

第一批性能认定试点城市的设立,对于住宅性能认定工作在全国范围的推广和开展具有非常重要的推动作用。

(二)县级性能认定试点城市

2010年4月8日,住房和城乡建设部住宅产业化促进中心函复山东省住房和城乡建设厅《关于山东省滕州市、寿光市列入住宅性能认定试点城市的回复》(建住中心〔2010〕15号)文件,同意山东省滕州市、寿光市作为住宅性能认定试点城市。请其按照建住中心〔2003〕16号文件《关于开展住宅性能认定试点工作的通知》的要求,制定当地推进住宅性能认定工作的规划,逐步扩大住宅性能认定工作的覆盖面。在三年内,使达到1A级以上级别的住宅,竣工总面积达到当地住宅竣工总量的30%以上,切实提高住宅的性能(图3-3-2)。

住宅性能认定县级试点城市的设立,对于进一步扩大性能认定的覆盖面,促进县级层面住宅项目综合性能品质的提升,具有非常重要的示范意义。

(三)保障性住房性能认定试点城市

2010年4月29日,住房和城乡建设部办公厅回复上海市住房保障和房屋管理局《关于开展保障性住房性能认定试点工作的通知》(建办保函〔2010〕316号)文件,确定上海市作为保障性住房性能认定试点城市。请其依据《国

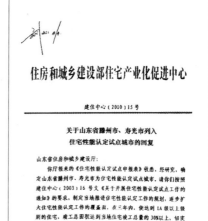

图 3-3-1　建住中心〔2003〕29号文件　　图 3-3-2　建住中心〔2010〕15号文件

务院办公厅转发建设部等部门关于推进住宅产业现代化提高住宅质量若干意见的通知》(国办发〔1999〕72号),参照《关于印发〈商品住宅性能认定管理办法〉(试行)的通知》(建住房〔1999〕114号)的要求,在实施保障性住房性能认定试点过程中,加强领导,结合当地实际,并针对保障性住房特点,遵循"规划科学、环境良好、配套健全、保质控价"的原则,积极组织力量,研究、探索保障性住房推行住宅性能认定制度的体制、机制和办法;制定提高保障性住房质量、性能的产业政策,引导、鼓励采用保障性住房适用技术,将保障性住房建设成为节能省地环保型住宅的示范工程。至2010年10月,上海市已有三林基地保障性住房1号地块至7号地块7个保障性住宅项目通过了住宅性能认定设计审查;在各地的大力支持下,相继有广州市万科城·新里程(一、二期)、天津市顶秀欣园、鞍山市大德·阳光800、大连市石门山经济适用房、武汉市百步亭花园悦秀苑、景兰苑等多个保障性住房项目通过了住宅性能认定终审。将保障性住房纳入住宅性能认定的范畴,初步得到了社会大众的认可(图3-3-3)。

在保障性住房建设中引入住宅性能认定制度,有利于促进保障性住房的技术进步,提高保障性住房的功能质量,更好地满足住房困难家庭的基本住房需

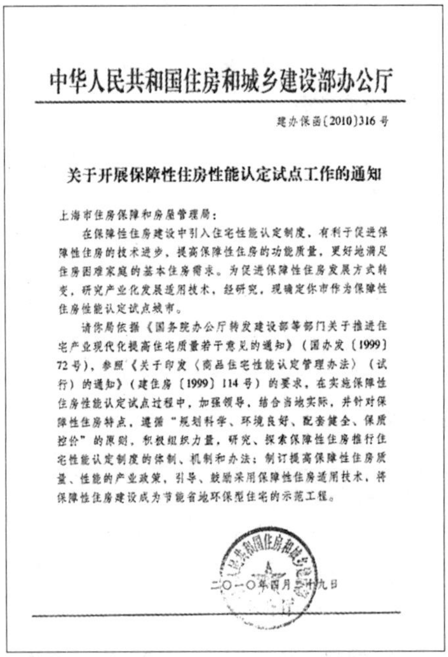

图 3-3-3　建办保函〔2010〕316号文件

求。对于引导保障性住房发展方式转变,研究产业化发展适用技术,具有非常重要的促进作用。

四、配套政策的制订

在住宅性能认定试点城市的带动下,为了促进当地住宅性能认定工作的开展,各地纷纷出台住宅性能认定配套法规政策和文件,这些措施极大地提高了住宅性能认定工作在当地的影响力。

(一)山东省

1. 省级层面

山东省非常重视住宅性能认定工作,一直在努力推动性能认定制度的地方性立法,以便长效地保证住宅性能认定制度的实施。

2004年11月25日经山东省人大常委会修订的《山东省城市房地产开发经营管理条例》规定:"开发项目经批准确立后,开发主管部门应当会同有关部门对项目的用地方式、规划设计、开发期限、基础设施和配套公用设施的建设、拆迁补偿安置、住宅性能认定要求等提出建设条件意见,作为项目建设的依据。"2005年3月31日经山东省人大常委会通过的《山东省商品房销售管理条例》,规定在房地产开发企业交付商品房时,应向买受人提供"房地产开发合同约定的商品住宅性能认定文件"。这些法规使住宅性能认定工作纳入了依法办事的轨道,为开展住宅性能认定工作提供了强有力的保障。

此外,山东省还制定了相应的一些子规章,如《山东省商品住宅性能认定试行办法(讨论稿)》。内容包括总则、认定的条件和范围、组织管理、认定的主要内容、认定程序、认定证书和认定标志等。

2005年山东省《全省建设工作要点》(以下简称《要点》)要求全省实行住宅性能认定的新建商品住宅比例达到30%以上。2007年《要点》提出要依据国家《住宅性能评定技术标准》,积极开展住宅性能认定工作,力争认定率达到30%。实行住宅品质状况表制度,引导开发商向用户提供更高性价比的住宅。2010年《要点》提出要实行住宅品质状况表、住宅性能认定制度,强制提升住宅品质。2011年《要点》提出要积极创建A级住宅。

2. 地市级层面

由于住宅性能认定工作更加侧重于技术指导和服务,致使住宅性能认定工作开展难度较大。全省各个城市根据有关法规、文件,积极进行机制创新,有力地推动了性能认定工作。

为进一步指导济南市的住宅性能认定工作,切实提高济南市的住宅功能和质量,规范商品住宅市场,保障住宅消费者的权益,2005年3月14日,济南市建设委员会印发《济南市住宅性能认定实施方案》(济建开字〔2005〕9号)(以下简称《方案》),方案包括住宅性能认定的等级、范围、条件、组织管理、认定内容、认定程序、认定证书和认定标志、认定的变更和撤销、保障措施等9个方面的内容。该方案把住宅性能认定工作落实情况作为房地产企业业绩和信誉考察的重要内容,并把住宅性能认定与企业资质管理和行业管理相结合。2009年9月10日,济南市建设委员印发《关于贯彻落实〈济南市住宅性能认定实施方案〉的通知》(济建开字〔2009〕3号),要求各房地产开发公司应按照方案要求尽快组织申报住宅性能认定。凡未组织申报的项目,将按照《方案》及《山东省房地产开发项目竣工综合验收备案办法》要求,不予发放商品房预售许可证,不予办理综合验收备案手续(图3-4-1、图3-4-2)。

烟台市依据《山东省城市房地产开发经营管理条例》出台了文件,推行

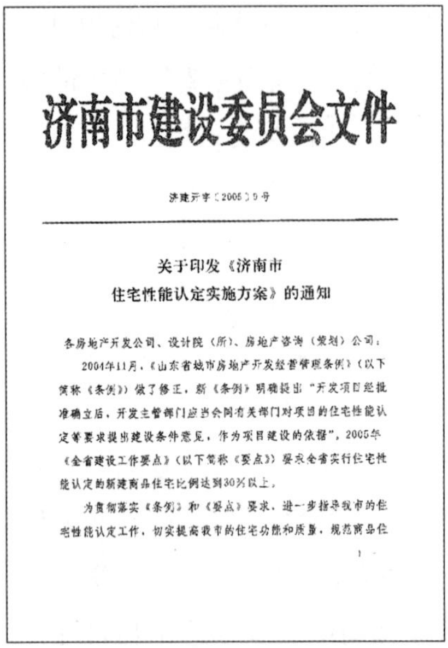

图3-4-1　济建开字〔2005〕9号文件　　图3-4-2　济建开字〔2009〕3号文件

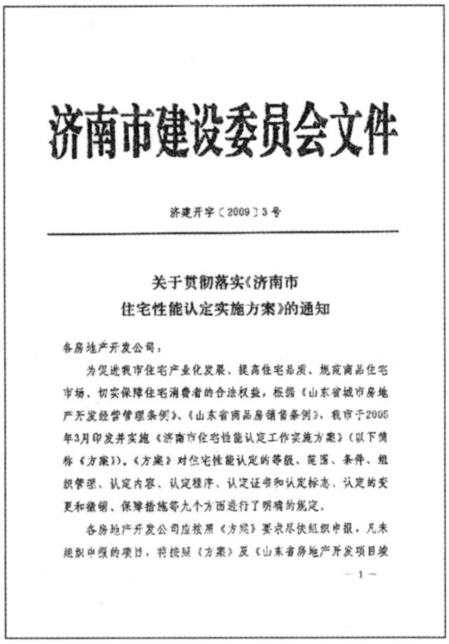

《烟台市房地产开发项目建设条件意见书》制度。该制度要求意见书中的内容与城市规划主管部门制定的控制性规划条件同时作为开发项目进行规划、设计的依据；意见书中规定了住宅性能技术评定中的各项要求。

为鼓励各开发企业积极申报国家康居示范工程和A级住宅性能认定，2007年4月9日，淄博市建设委员会办公室印发《关于印发〈支持国家康居示范工程和A级住宅性能认定项目优惠政策（试行）〉的通知》（淄建发〔2007〕38号）。其中对列入A级住宅性能认定的项目给予的优惠政策包括：通过A级住宅性能认定设计审查的项目，配套预存款在配套设施开工阶段按60%予以解控；通过A级住宅性能认定设计审查的开发项目，开发单位可申请缓交50%的开发管理费。项目经终审达标验收合格的，缓交部分开发费予以免交；项目经终审达标验收不合格的，开发单位需在终审结束后15天内补缴全部开发管理费；通过A级住宅性能认定设计审查的开发项目，开发单位可申请缓交50%的新型墙体材料专项基金；A级住宅性能认定项目纳入房地产各项考核、评优加分。可以说，各种制度创新在建立性能认定长效工作机制方面进行了积极探索。

3.县级市层面

2009年7月10日，寿光市人民政府办公室印发《关于印发〈支持鼓励国家康居示范工程和A级住宅性能认定项目暂行办法〉的通知》（寿政办发〔2009〕

83号)，其中对开展A级住宅性能认定的优惠政策有：通过A级住宅性能认定设计审查的开发项目，城市基础设施配套费采取先缴后返的办法。项目经终审达标验收合格的，将城市基础设施配套费返还开发单位；项目经终审达标验收不合格的，城市基础设施配套费不予返还。通过A级住宅性能认定设计审查的开发项目，开发单位可申请缓交60%的新型墙体材料专项基金。A级住宅性能认定项目纳入房地产各项考核、评优加分(图3-4-3)。

(二)黑龙江省

黑龙江省住房和城乡建设厅于2012年出台了《关于加快推进住宅产业现代化的指导意见》(黑建住宅产业〔2012〕4号)文件，将住宅性能认定作为“十二五”期末的住宅品质目标之一：国家A级住宅在现有基础上平均每年增加16%，到2015年达到130个；保障性住房要率先建设国家A级住宅，到2015年占全省A级住宅总数的30%。每年在新评定的或通过终审和验收的国家A级住宅、康居示范工程中评选出龙江特色浓、使用功能全、户型布局好、科技含量高、小区环境美、造型立面优的楼盘项目，冠以年度全省十大现代精品楼盘，以省住房和城乡建设厅的名义进行命名表彰(图3-4-4)。

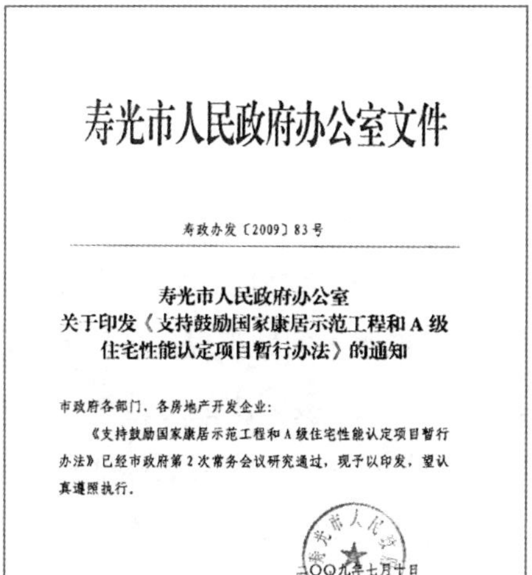
寿光市人民政府办公室文件

寿政办发〔2009〕83号

寿光市人民政府办公室
关于印发《支持鼓励国家康居示范工程和A级住宅性能认定项目暂行办法》的通知

市政府各部门、各房地产开发企业：

《支持鼓励国家康居示范工程和A级住宅性能认定项目暂行办法》已经市政府第2次常务会议研究通过，现予以印发，望认真遵照执行。

二〇〇九年七月十日

图3-4-3 寿政办字〔2009〕83号文件

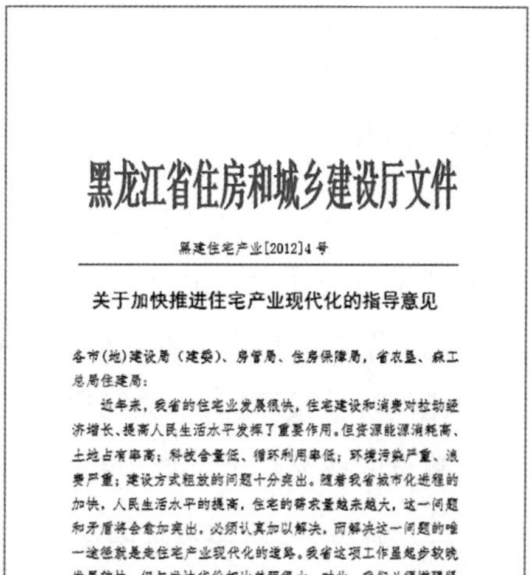
黑龙江省住房和城乡建设厅文件

黑建住宅产业[2012]4号

关于加快推进住宅产业现代化的指导意见

各市(地)建设局(建委)、房管局、住房保障局，省农垦、森工总局住建局：

近年来，我省的住宅业发展很快，住宅建设和消费对拉动经济增长、提高人民生活水平发挥了重要作用。但资源能源消耗高、土地占有率高；科技含量低、循环利用率低；环境污染严重、浪费严重；建设方式粗放的问题十分突出。随着我省城市化进程的加快，人民生活水平的提高，住宅的需求量越来越大，这一问题和矛盾将会愈加突出，必须认真加以解决。而解决这一问题的唯一途径就是走住宅产业现代化的道路。我省这项工作虽起步较晚发展较快，但与发达省份相比差距很大。对此，我们必须增强紧迫感和责任意识，在全省范围内全面加快住宅产业现代化步伐，争取在“十二五”末，我省的住宅产业现代化上一个新台阶，达到全国中上等水平。为此，制定如下指导意见。

一、明确住宅产业现代化工作的指导思想、基本原则、总体目标

1

图3-4-4 黑建住宅产业〔2012〕4号文件

同时，对被评定为国家A级住宅项目的企业实施以下政策和扶持措施：①在保证住宅小区品质和环境，不违反国家和省有关规定的前提下，对通过终审和验收的国家A级住宅，当地规划主管部门给予该开发企业在下一个项目规划建设中不超过0.05的容积率奖励；②在公积金支持保障房试点城市中，对符合住房和城乡建设部等7部委联合印发《利用住房公积金贷款支持保障性住房建设试点工作实施意见》要求的保障性住房建设项目，公积金可优先贷款保障性住房国家A级住宅；③被评为国家A级住宅的棚户区改造项目设计审查、可研报告通过后及时向保障房主管部门报告和立项，待终审和验收后，可直接评定为全省棚户区改造示范项目和直接命名为省级棚户区改造优秀项目，并享受有关奖励政策；④在全省房地产诚信企业或信用等级评定上，对通过终审和验收的国家A级住宅项目的开发企业予以加分，3A加4分、2A加3分、1A加2分；⑤在全省建筑企业信用等级评价上，对通过终审和验收的国家A级住宅项目的施工企业予以加分，3A加3分、2A加2分；⑥建设国家A级住宅的施工企业，必须达到省级优质工程的标准和条件，待项目终审和验收后，在评定全省优质工程上给予加2分；⑦通过国家A级住宅设计审查、可研报告的建设项目，施工中必须达到省级安全生产标准化样板工地，并在评定上予以适当加分；⑧对设计国家A级住宅项目的设计单位，待项目终审和验收后，可在全省勘察设计优秀奖评定上予以加分，并在资质年检和信用评价上给予记录。

（三）河北省

2010年12月，河北省住房和城乡建设厅印发《关于推进全省住宅产业化工作的意见》（冀建房〔2010〕723号）文件，把开展住宅性能认定作为推进住宅产业化工作的重要环节和切入点。针对不同发展水平的城市提出了住宅性能认定的比例及数量目标；要求到2013年，全省一、二级资质的房地产开发企业开发建设的商品住宅都要申报住宅性能认定并达到1A～3A级标准；明确"十二五"期末住宅性能认定的发展目标是：住宅性能认定工作全面铺开，全省新建住宅进行住宅性能认定的比例要达到25%以上。

为促进住宅性能认定工作的深入开展，制定了9个方面的激励措施：

（1）各市、县要加大对新建住宅建设项目参与住宅性能认定的支持力度，在城市基础设施配套费使用管理上对参与了住宅性能认定的新建住宅项目，适当予以减免。

房地产开发企业在新建住宅项目中出资配套建设了垃圾处理站、中水处理系统、太阳能与建筑一体化系统的，各市、县应在城市基础设施配套费中予以适当补助。

经住宅性能认定终审，未达到相应性能认定等级的，已减免的费用要追缴补齐。

（2）《住宅质量保证书》和《住宅使用说明书》要将住宅性能认定内容纳入其中。注明是否参与了住宅性能认定，并标明等级。

（3）房地产开发主管部门在核定房地产开发企业资质等级升级工作中，要将企业是否参与住宅性能认定作为审核的重要内容。取得国家一级资质的房地产开发企业，每年度必须有申报住宅性能认定的开发项目。

（4）加强对房地产开发企业评先评优的管理。企业参与评优的，其开发项目必须有参与住宅性能认定的；住宅建设项目评优的，必须是经过住宅性能认定的项目。

（5）房地产开发企业诚信体系建设要将企业是否参与住宅性能认定列入重要考核内容，以激励企业通过为消费者提供具有品质保证的住宅产品，取得消费者和全社会的信任。

在房地产开发企业信用等级评定上，其开发建设的项目经住宅性能认定取得相应等级的（1A～3A），给予适当加分。

企业当年新建住宅项目中没有申报住宅性能认定的，不能被评为2A级信用企业。

（6）参与住宅性能认定的建设单位在委托建筑工程项目的规划、设计与施工时，应当严格执行有关法律、法规和住宅性能的技术标准，设计、施工、监理单位不得擅自修改设计文件，降低住宅性能技术标准。

（7）规划设计单位要从规划设计的源头抓好住宅品质的提升。在规划设计时，要推广应用《住宅性能评定技术标准》GB/T 50362—2005。通过优化设计，提高住宅建设的整体水平。

（8）施工图审查机构要严把设计审查关。对参与住宅性能认定的新建住宅建设项目，要依据《住宅性能评定技术标准》GB/T 50362—2005对图纸进行审核，在审查报告中标注住宅性能是否满足相关标准的审查意见。

（9）建筑工程质量监督机构要严把竣工验收备案关。参与住宅性能认定的建设单位在报送的住宅建设项目竣工验收报告和有关材料中，应当包括住宅性能认定的相关材料。否则，不予备案。

2011年12月，河北省住房和城乡建设厅再次印发《关于加强全省住宅性能认定工作的通知》(冀建房〔2011〕808号)，要求充分认识住宅性能认定工作的意义，统筹规划全面开展住宅性能认定工作，并且明确了住宅性能认定的申请条件与认定程序。进一步明确：2012年每个设区市都要选择2～3个具有一定规模的新建住宅项目开展住宅性能认定；从2013年起，全省一、二级房地产开发企业新开发住宅项目都要进行住宅性能认定。并要求对列入计划的项目加大监督检查的力度（图3-4-5）。

（四）上海市

2006年5月，为进一步提高品质，提升市民居住生活质量，保障住宅消费者的合法权益，根据国务院《关于做好建设节约型社会近期重点工作的通知》(国发〔2005〕21号)和建设部《商品住宅性能认定管理办法（试行）》，上海市房屋土地资源管理局发布了《关于开展上海市住宅性能认定试行工作的通知》(沪房地资产〔2006〕195号)文件，其中提出了住宅性能认定的工作目标："十一五"期间，按照示范引路、稳步推进的原则，积极开展住宅性能认定工作；2006年，各区（县）应有1～2个具有一定规模的新建住宅项目，实施住宅性能认定试点；2007年，以"四高优秀小区""生态型住宅小区"为载体，扩大住宅性能认定试点工作；到2010年，争取本市40%左右的新建住宅项目实施住宅性能认定。并对住宅性能认定工作的组织管理、申报条件、认定程序、认定的变更与撤销等进行了规定（图3-4-6）。

此外，上海市房地产管理局还组织专家编制了《住宅性能认定上海地区评分标准》，并将住宅性能认定纳入本市《新建住宅使用说明书》，进一步加深本市购房者对此项评定的认识，受到消费者的普遍认可。

（五）江苏省

2008年6月23日，江苏省建设厅印发《关于加强新版〈住宅质量保证书〉、〈住宅使用说明书〉管理的通知》(苏建函房〔2008〕329号)(以下简称"两书")，要求从2008年10月1日起启用新版"两书"。"两书"作为商品房销售合同的补充约定，自1998年实施以来，在确保商品房售后服务管理和保障业主的合法权益等方面发挥了积极作用。此次新版本《住宅使用说明书》要求要明

图 3-4-5　冀建房〔2011〕808 号文件　　　图 3-4-6　沪房地资产〔2006〕195 号文件

示是否进行了住宅性能认定，以及住宅性能认定的等级（1A、2A、3A）。对于进一步提升江苏省住宅综合性能，进一步维护住宅消费者权益，起到了积极的促进作用（图3-4-7）。

图3-4-7　江苏省《住宅质量保证书》和《住宅使用说明书》

（六）宁夏回族自治区

2009年2月10日，为更好地推进住宅产业化工作，大力发展省地节能环保型住宅，提高住宅功能质量和综合品质，宁夏回族自治区建设厅发布了《关于进一步推进全区住宅产业化工作的意见》宁建（办）字〔2009〕4号，对于在全区开展住宅性能认定工作进一步做出工作部署。提出要继续把开展住宅性能认定作为推进住宅产业化工作的重要环节和切入点。自2009年起，银川市每年住宅性能认定比例要达到开工项目的10%以上；其他四个地级城市每年选择1～2个具有一定规模的新建项目开展住宅性能认定试点。到2012年，全区一、二级资质的房地产开发企业开发的商品住宅都要申报住宅性能认定并达到A级标准。还将房地产开发企业资质等级、房地产开发企业评先评优、房地产开发企业诚信体系建设、住宅建筑节能补助资金等与住宅性能认定挂钩，目标明确，措施具体。并提出：《住宅质量保证书》和《住宅使用说明书》要将住宅性能认定内容纳入其中。注明是否参与了住宅性能认定，并标明等级（图3-4-8）。

图3-4-8　宁建（办）字〔2009〕4号文件

2009年10月印发《宁夏住宅性能认定评审实施细则》（宁建发字〔2009〕242号），对住宅性能认定的组织管理、主要内容、资料要求、方法和程序等内容做出了明确规定。

（七）青海省

2013年6月，为提高青海省商品住宅品质，提升房地产开发整体水平，提升城镇居民居住生活质量，青海省住房和城乡建设厅制定发布了《青海省住宅性能认定实施细则（试行）》（青建房〔2013〕422号）。要求各地充分认识住宅性能认定的重要意义，认真组织本地区住宅性能认定申报工作，并做好住宅性能认定的宣传和引导。其中要求，西宁市新开发建设项目面积达到10万平方米以上、海东地区和各自治州新开发建设项目面积达到5万平方米以上的住宅项目，必须申报住宅性能认定。对不参加或未通过A级住宅性能认定的项目，高层建筑必须达到主体封顶才能发放《商品房预售许可证》，多层建筑必须实行现房销售（图3-4-9）。

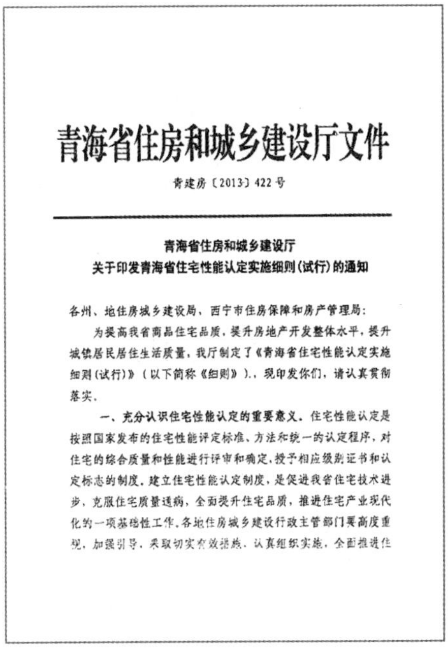

青海省住房和城乡建设厅文件

青建房〔2013〕422号

青海省住房和城乡建设厅
关于印发青海省住宅性能认定实施细则（试行）的通知

各州、地住房城乡建设局、西宁市住房保障和房产管理局：

为提高我省商品住宅品质，提升房地产开发整体水平，提升城镇居民居住生活质量，我厅制定了《青海省住宅性能认定实施细则（试行）》（以下简称《细则》）.，现印发你们，请认真贯彻落实。

一、充分认识住宅性能认定的重要意义。住宅性能认定是按照国家发布的住宅性能评定标准、方法和统一的认定程序，对住宅的综合质量和性能进行评审和确定，授予相应级别证书和认定标志的制度。建立住宅性能认定制度，是促进我省住宅技术进步、克服住宅质量通病，全面提升住宅品质，推进住宅产业现代化的一项基础性工作。各地住房城乡建设行政主管部门要高度重视，加强引导，采取切实有效措施，认真组织实施，全面推进住

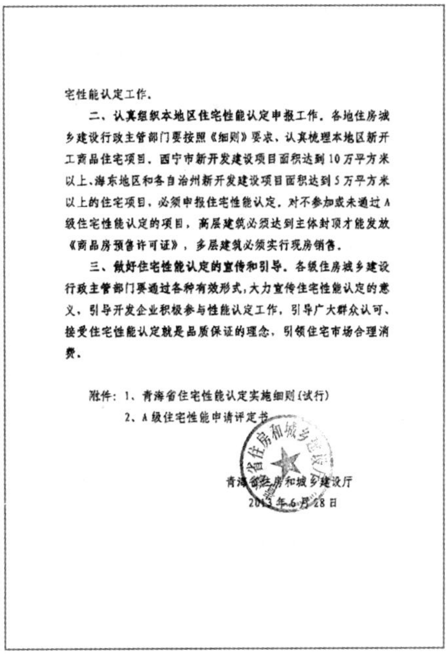

宅性能认定工作。

二、认真组织本地区住宅性能认定申报工作。各地住房城乡建设行政主管部门要按照《细则》要求，认真梳理本地区新开工商品住宅项目。西宁市新开发建设项目面积达到10万平方米以上、海东地区和各自治州新开发建设项目面积达到5万平方米以上的住宅项目，必须申报住宅性能认定。对不参加或未通过A级住宅性能认定的项目，高层建筑必须达到主体封顶才能发放《商品房预售许可证》，多层建筑必须实行现房销售。

三、做好住宅性能认定的宣传和引导。各级住房城乡建设行政主管部门要通过各种有效形式，大力宣传住宅性能认定的意义，引导开发企业积极参与性能认定工作，引导广大群众认可、接受住宅性能认定就是品质保证的理念，引领住宅市场合理消费。

附件：1、青海省住宅性能认定实施细则（试行）
2、A级住宅性能申请评定书

青海省住房和城乡建设厅
2013年6月28日

图3-4-9　青建房〔2013〕422号文件

（八）浙江省

为加快推进本省住宅产业现代化，建设节能省地型住宅，促进住宅质量全面提升和可持续发展，不断满足人民群众日益增长的住房需求，2006年3月15日，江苏省建设厅印发《关于加快推进我省住宅产业现代化的通知》（建房发〔2006〕61号），将建立健全和全面实施住宅性能认定制度作为2010年住宅产业化主要目标之一。要求从2006年开始，各设区城市每年应选择1～2个新建住宅项目作为实施住宅性能认定的试点，按国家统一规定的指标体系和标准进行认定，确定住宅性能等级，通过建立住宅性能认定制度，逐步提高住宅品质。到2010年，全面开展住宅性能评定工作，引导并确保住宅建设满

足居民对其适用性、安全性、耐久性、环境性和经济性等基本需求。并指出：建立住宅性能认定制度，是适应我国社会主义市场经济发展需要，是促进住宅技术进步、克服住宅质量通病、提高住宅功能质量、实现住宅产业化的一项基础工作，各地建设行政主管部门要统一认识，加强领导，统筹规划，分步实施（图3-4-10）。

（九）广东省

2008年5月19日，广东省房地产行业协会印发《关于开展住宅性能认定工作的通知》(粤房协〔2008〕38号)，并对申报要求、申报程序、申报资料、联系方式等进行了明确规定。并提出：为推动广东省住宅建设整体水平提升，促进住宅技术进步，对于通过住宅性能认定的房地产开发企业，将计入企业优良信用档案（图3-4-11）。

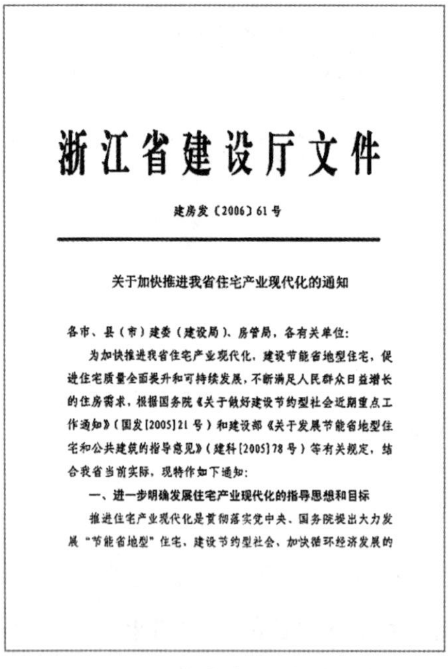

浙江省建设厅文件

建房发〔2006〕61号

关于加快推进我省住宅产业现代化的通知

各市、县（市）建委（建设局）、房管局，各有关单位：

为加快推进我省住宅产业现代化，建设节能省地型住宅，促进住宅质量全面提升和可持续发展，不断满足人民群众日益增长的住房需求，根据国务院《关于做好建设节约型社会近期重点工作通知》（国发[2005]21号）和建设部《关于发展节能省地型住宅和公共建筑的指导意见》（建科[2005]78号）等有关规定，结合我省当前实际，现特作如下通知：

一、进一步明确发展住宅产业现代化的指导思想和目标

推进住宅产业现代化是贯彻落实党中央、国务院提出大力发展"节能省地型"住宅、建设节约型社会、加快循环经济发展的

图3-4-10　建房发〔2006〕61号文件

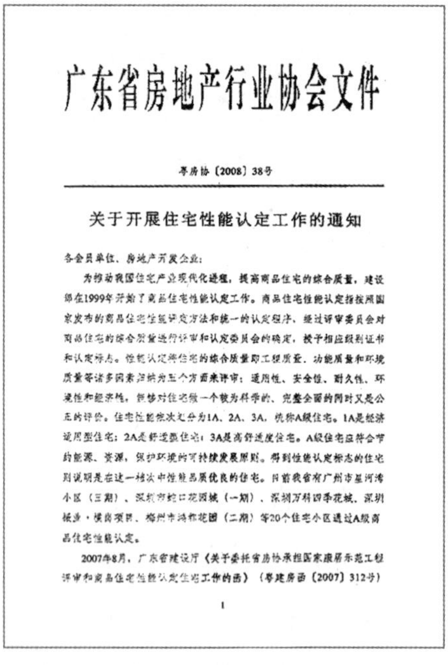

广东省房地产行业协会文件

粤房协〔2008〕38号

关于开展住宅性能认定工作的通知

各会员单位、房地产开发企业：

为推动我国住宅产业现代化进程，提高商品住宅的综合质量，建设部在1999年开始了商品住宅性能认定工作。商品住宅性能认定指按照国家发布的商品住宅性能评定方法和统一的认定程序，经过评审委员会对商品住宅的综合质量进行评审和认定委员会的确定，授予相应级别证书和认定标志。性能认定将住宅的综合质量即工程质量、功能质量和环境质量等诸多因素归纳为五个方面来评审：适用性、安全性、耐久性、环境性和经济性，能够对住宅做一个较为科学的、完整全面的同时又是公正的评价。住宅性能依次划分为1A、2A、3A，统称A级住宅。1A是经济适用型住宅；2A是舒适型住宅；3A是高舒适度住宅。A级住宅应符合节约能源、资源，保护环境的可持续发展原则。得到性能认定标志的住宅则说明是在这一档次中性能品质优良的住宅。目前我省有广州市星河湾小区（三期）、深圳市蛇口花园城（一期）、深圳万科四季花城、深圳振业·城市项目、梅州市鸿都花园（二期）等20个住宅小区通过A级商品住宅性能认定。

2007年8月，广东省建设厅《关于委托省房协承担国家康居示范工程评审和商品住宅性能认定住宅工作的函》（粤建房函〔2007〕312号）

1

图3-4-11　粤房协〔2008〕38号文件

（十）四川省

为认真贯彻落实《国务院办公厅转发建设部等部门关于推进住宅产业现代化提高住宅质量若干意见的通知》和《成都市房地产开发企业信用体系管理暂行办法》，大力推进成都市住宅产业化进程，不断提高住宅建设综合质量，积

极提升开发企业的信用等级，培育优质企业的发展，2009年10月20日，成都市建设委员会印发《关于积极组织申报国家A级住宅性能认定工作的通知》（成建委发〔2009〕700号），其中规定：市建委按照《成都市房地产开发企业信用体系管理暂行办法》，对住宅项目通过A级住宅性能认定预审的开发企业予以信用加分，并对外公告宣传，企业自身也可结合项目营销开展宣传。在年终时市建委将对通过预审或者终审的开发项目及企业予以公开表彰。还将结合企业开发资质管理，对获得国家A级住宅性能认定的开发企业在资质升级方面予以积极支持（图3-4-12）。

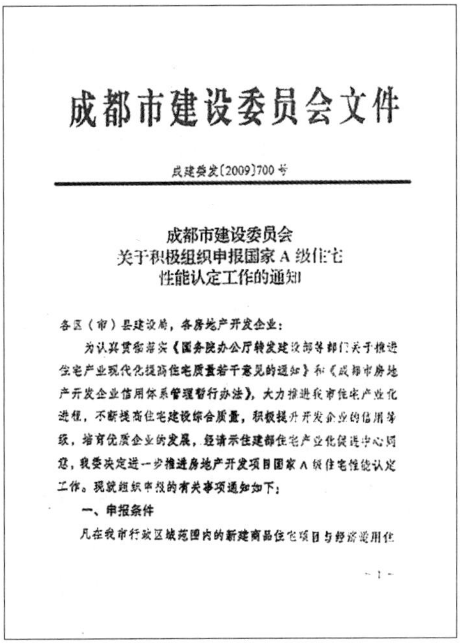

图3-4-12 成建委发〔2009〕700号文件

可以说，各省市住宅性能认定相关文件的制定，为住宅性能认定工作在全国范围内全面铺开奠定了坚实的政策基础。

五、与"广厦奖"的协同发展

为了更好开展住宅性能认定工作，2006年住宅中心与中国房地产业协会共同创办了"广厦奖"，将住宅性能认定作为评奖的技术性先决条件，极大地促进了住宅性能认定工作开展，也产生了更为广泛的影响，为推动住宅建设综合品质提升起到积极的作用。

（一）评价标准

"广厦奖"是经国家批准，由中国房地产业协会和我中心共同组织的我国房地产开发项目的综合性大奖，获奖项目是由地方推荐、消费者认可、专家和评委认定的优秀的房地产项目。

2008年修订的《"广厦奖"管理办法（修订稿）》中，已对申报"广厦奖"的住宅项目提出性能认定的等级要求。要求达到国家颁布的《住宅性能评定技术标准》规定的1A、2A、3A级性能等级标准。2011年修订的"广厦奖"（住宅类）项目的评选标准之一就是："通过由住房和城乡建设部住宅产业化促进中心组织的住宅性能认定等级终审，住宅性能等级标准达到2A级及以上"。截至2021年底，已有684个项目通过住宅性能认定并获"广厦奖"项目殊荣（图3-5-1）。

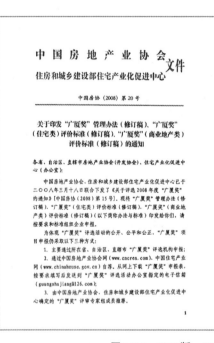

图3-5-1　2008版、2011版"广厦奖"管理文件

（二）协同发展

《住宅性能评定技术标准》作为评价标准的一部分，对参评项目的住宅综合性能和品质进行把关，保障了入选项目的高性能高品质；同时，与"广厦

奖"的紧密结合，对性能认定的发展起到了极大的推动作用。一是使得与地方房协及住建厅的联系更加密切，增加了住宅性能认定工作机构的人员和力量；二是在性能认定发展较晚的地区，起到了以点带面的示范作用，使得当地更多的开发单位认识到性能认定对企业、对消费者、对政府、对社会的积极意义。

六、取得金融支持

为了促进住宅性能认定制度的实施，建设部积极为住宅性能认定构筑金融支持通道。

（一）获得银行金融支持

2002年初，中国工商银行决定对通过性能认定的住宅项目优先给予贷款支持。2002年1月，建设部同中国工商银行签订有关性能认定与金融合作的协议，推进住宅建设与金融的结合，扩大住房信贷规模，降低贷款风险，提高资金运行质量，努力降低建设成本，提高住宅的整体质量和水平（图3-6-1）。

图3-6-1　建设部同中国工商银行签订协议

为贯彻落实《国务院关于促进节约集约用地的通知》（国发〔2008〕3号）精神，充分利用和发挥金融在促进节约集约用地方面的积极作用，2008年7月29日，中国人民银行、中国银行业监督管理委员会发布《关于金融促进节约集约用地的通知》（银发〔2008〕214号）。由于《住宅性能评定技术标准》对于项目节地的高要求，通知明确规定对符合《住宅性能评定技术标准》的房地产项目优先予以金融支持。

(二)住宅质量保证保险

在住宅建设过程中引入保险机制,是各国采取的普遍措施,日本、英国、法国、新加坡等都有住宅性能保证制度,但我国房地产行业还没有很好地与保险业结合。性能认定是对新建的住宅进行综合评价认定,需要后续的保证和保险制度,使消费者在购买时更加放心。2002年10月31日,建设部住宅产业化促进中心与中国人民保险公司在北京达成了A级住宅质量保证保险的合作协议。我国A级住宅质量保证保险的核心内容是从住宅竣工验收满一年起,所有住宅的主体结构保险期限为10年,其余为5年,一旦出险,购房者可以凭借保险凭证向保险公司进行索赔(图3-6-2)。

图3-6-2 建设部住宅中心同中国人民保险公司签订协议

在住宅性能认定基础上,江苏省建设厅在南京率先试行了住宅保险制,让市场购房者买到放心房。2A级住宅"南京云河湾花园"项目成为首个住宅质量保险试点(图3-6-3)。

图3-6-3 南京市住宅质量保证保险试点

金融机构的支持，对住宅性能认定工作的开展和促进住宅产业化的发展进程，具有积极的现实意义。

七、广泛开展相关研究工作

(一)《住宅性能评定技术标准》相关研究

为贯彻落实国办发〔1999〕72号文件相关要求，1999年编制了《商品住宅性能评定方法和指标体系（征求意见稿）》，并在2000年6月开始住宅性能认定试评工作。2000年9月，在收集了对《商品住宅性能评定方法和指标体系（征求意见稿）》的修改意见后，修改完成《商品住宅性能评定方法和指标体系（试行）》。其后又修订为2002年版和2004年版。

2005年，在《商品住宅性能评定方法和指标体系》的基础上，性能认定处组织相关单位，主持制定了国标《住宅性能评定技术标准》GB/T 50362—2005，并编制了与之配套的《住宅性能评定技术标准实施指南》和《住宅性能评定技术标准图解》。此外，2011年，制定了《北京市公共租赁住房性能评定技术标准》，为北京市公租房的性能评定提供了技术依据。

(二) 住宅性能研发基地

不仅如此，为推进住宅产业现代化，大力发展节能省地型住宅，提升住宅性能，性能认定处选择了一批具有住宅设计、先进施工工艺、科技研发能力的企业，作为住宅性能研发基地。

建立住房和城乡建设部住宅产业化促进中心住宅性能研发基地的指导思想是：依靠设计、技术创新，提高住宅产业设计标准化、工业化水平，大力发展节能省地型住宅，促进粗放式的住宅建造方式的转变，增强住宅产业可持续发展能力。具体目的是：培育和发展一批符合住宅产业现代化要求的产业关联度大、带动能力强的龙头企业，发挥示范、引导和辐射作用。发展符合节能、节地、节水、节材等资源节约和环保要求的提升住宅性能的标准化设计体系和施工管理体系，满足广大城乡居民对提高住宅的性能和品质的要求。

先后建立了龙信建设集团有限公司、浙江泰格集成房屋有限公司、苏州科逸住宅设备股份有限公司、博洛尼旗舰装饰装修工程（北京）有限公司、厦门市万安实业有限公司、路达（厦门）工业有限公司、潍坊市宇虹防水材料（集团）有限公司、滁州扬子光大钢构住宅有限公司、山东东海建设集团有限公司等9个住宅性能研发基地。其中3家企业在住宅性能研发基地的基础上，顺利成为国家住宅产业化基地。住宅性能研发基地为进一步全面研究住宅性能和住宅品质的提升，以及推进住宅产业现代化，提供了技术保障。

（三）全装修相关研究

为贯彻建设部印发的《商品住宅装修一次到位实施导则》（建住房〔2002〕190号），推动全装修住宅的建设，提升住宅性能，建设部住宅产业化中心联合龙信建设集团有限公司共同组成课题组，在广泛调查和专题研究的基础上，总结多年来全装修住宅工程方面的经验，并广泛征求了相关单位和专家的意见，编制完成《全装修住宅逐套验收导则》。该导则不但使开发商在交付全装修住宅时有章可循，而且有利于保障广大消费者的利益，能确保消费者在拿到房屋钥匙的同时，得到有关全装修住宅的全部资料。

（四）智能化建设相关研究

为适应21世纪信息化社会的生活方式，2003年，性能认定处组织相关单位编制了《居住小区智能化系统建设要点与技术导则》，以期通过采用现代信息传输技术、网络技术和信息集成技术，进行精密设计、优化集成、精心建设，提高住宅高新技术含量和居住环境水平，满足居民现代居住生活的需求。

为适应我国老龄化社会的发展趋势，提高养老住区高新技术的含量和居住环境水平，满足老年人群现代居住生活的需求，2011年，由我中心主编，厦门万安智能股份有限公司、上海宝路机电有限公司、精锐（中国）不动产研究院、同济大学参编，完成了《养老住区智能化系统建设要点与技术导则》的编写工作，并于2012年6月由中国建筑工业出版社出版。

2014年，牵头组织厦门万安智能股份有限公司等有关单位，编写了《智慧园区与综合体智能化系统工程建设要点与技术导则》，并于2015年6月由中国建筑工业出版社出版。

2019—2020年，会同继善（广东）科技有限公司，完成了《建设工程智能化管理研究》课题，后组织整理《建设工程智能化管理》，并于2021年9月由中国建筑工业出版社出版（图3-7-1）。

图3-7-1　中心出版的智能化相关书籍

(五) 钢结构相关研究

轻钢结构装配式住宅具有环保、节能、产业化程度高等一系列优点，这种体系已成为发达国家住宅建筑的重要形式，但由于我国没有相应的规范限制了其发展。性能认定处主持制定了行业标准《低层轻型钢结构装配式住宅技术要求》，并组织编写了国家建筑标准设计图集《钢结构住宅（一）》05J910—1，参与了《冷弯薄壁型钢住宅结构体系关键技术研究及应用》课题的研究。

为了更好地推广钢结构住宅，性能认定处主持制定行业标准《冷弯薄壁型钢多层住宅技术标准》JGJ/T 421—2018，该标准已于2018年9月12日由中华人民共和国住房和城乡建设部发布，于2019年1月1日起实施；性能认定处牵头联合中国建筑金属结构协会，申请了部软科学研究项目、研究开发项目《钢结构住宅产业化推进课题》，以围绕《建筑业发展"十二五"规划》的落实，积极向政府部门反映建筑钢结构行业、企业的诉求，促进整个钢结构行业的持续健康发展（图3-7-2）。

(六) 养老服务设施相关研究

承担并圆满完成建设部科技司《老年住宅设计、建设和管理模式研究》课题研究，并于2008年编写出版了《老年住宅开发和经营模式》一书。在"以房养老"的理论基础上，通过大量的国外老年住宅发展的经验介绍和国内现状分析，提出了我国城市老年住宅发展的六种可选模式和老年住宅有效运营的四种

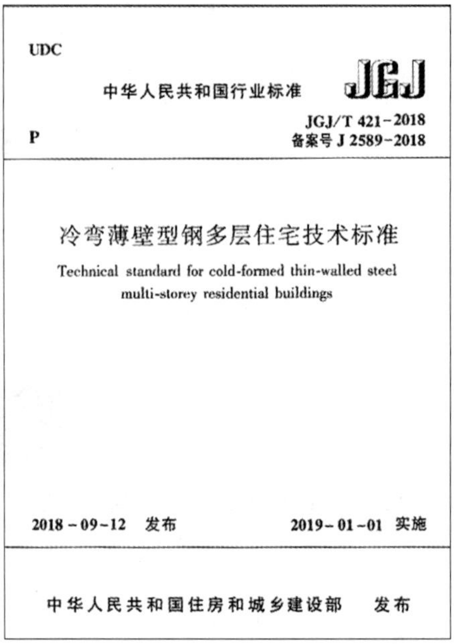
UDC

中华人民共和国行业标准 JGJ

P

JGJ/T 421-2018

备案号 J 2589-2018

冷弯薄壁型钢多层住宅技术标准

Technical standard for cold-formed thin-walled steel multi-storey residential buildings

2018-09-12 发布 2019-01-01 实施

中华人民共和国住房和城乡建设部 发布

图3-7-2 行业标准《冷弯薄壁型钢多层住宅技术标准》

经营管理模式。在此基础上，探讨了我国未来二三十年处于严重老龄化阶段时老年人的居住问题和解决模式，并提出了政策建议。

2011年，作为主要支持单位，参加了由全国老龄委办公室指导，中国老龄产业协会、全国工商联房地产商会、美国老年住宅协会、中国医院协会联合主编的《中国绿色养老住区联合评估认定体系》的编写工作，该书将绿色养老住宅区联合评估认定体系分为养老住区技术评估、绿色低碳住区技术评估和住宅性能认定三大组成部分，以求全面系统地对我国绿色养老住区进行评定，引领我国绿色养老住区的建设和运营。

2013年，承担了住房和城乡建设部标准研究课题《养老服务设施规划建设标准关键技术和标准体系研究》，以期对我国养老服务设施规划建设相关的标准进行梳理、修订和补充，进而形成相对完整的技术标准体系，规范和指导各类养老服务设施的规划、建设。

为落实国务院35号文件要求，为我国95%以上的老年人实现居家养老和社区养老提供必要条件，建立适合居民长期居住并能满足居家养老和社区养老的各项要求的社区为目标，从“绿色”和“适老”两个角度分别明晰绿色适老住区的主要建设要求，构建绿色适老住区的评价指标体系，联合全国老龄工作委员会办公室编制完成了《绿色适老住区建设指南》，并于2014年11月由中国建筑工业出版社出版（图3-7-3）。

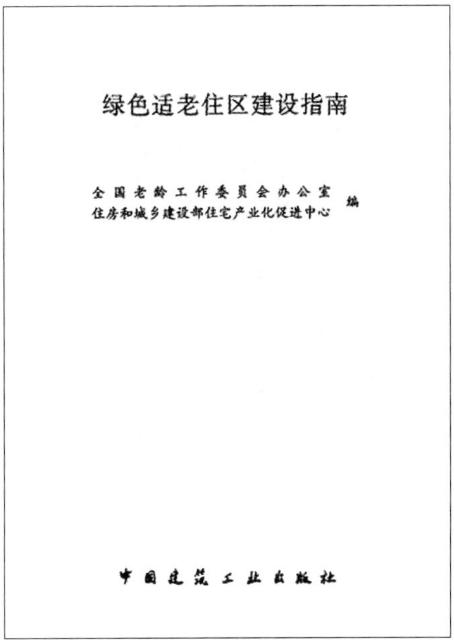

图3-7-3 《绿色适老住区建设指南》

（七）既有居住建筑综合改造技术集成相关研究

《典型住宅及居住区综合改造技术集成与示范工程》是"十一五"国家科技支撑计划重点课题《既有建筑综合改造技术集成示范工程》的子课题。既有居住建筑性能评定的相关标准是本课题的重要研究内容之一。2005年，在《住宅性能评定技术标准》GB/T 50362—2005的基础上，开始对既有居住建筑性能评定的相关标准进行研究，并编制了《既有住宅性能评定指标体系》（草案）；又以典型住宅及居住区综合改造示范工程为载体，开展了进一步的研究，编制了《既有住宅性能评定指标体系》（草案修编稿），为既有住宅性能评定提供了依据。该课题成果已被整理为《既有居住建筑综合改造技术集成》，并于2011年10月由中国建筑工业出版社出版。

（八）城市地下空间相关研究

2017—2019年，承担了北京建筑大学未来城市设计高精尖创新中心开放课题（重大课题）《城市地下空间设计与开发利用管理制度研究》（课题编号：

UDC20172030112），该课题研究成果验收等级为优秀。2017—2018年，承担了部城建司课题《城市地下综合管廊产权研究》，完成课题研究主报告及4项专项报告。2021年8月，编写的图书《城市地下空间设计体系与开发利用管理》由中国建筑工业出版社出版（图3-7-4）。

图3-7-4 《城市地下空间设计体系与开发利用管理》

（九）A级住宅标识系统相关研究

为了进一步规范国家A级住宅小区的标识系统建设要求，提高住宅小区的环境性能，2011年11月，性能认定处联合3A级住宅"金鼎湾国际小区"的开发建设单位南京建邺城镇建设开发集团有限公司，启动了《国家A级住宅小区标识系统建设要点和技术导则》的课题研究和编制工作，并于2013年11月由中国建筑工业出版社出版。《国家A级住宅小区标识系统建设要点和技术导则》的编制工作，是建立在大量性能认定工作实践基础之上的，是性能认定工作的延伸和完善，有利于促进性能认定工作的进一步发展（图3-7-5）。

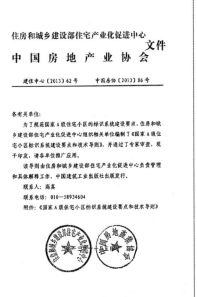

图3-7-5 《国家A级住宅小区的标识系统建设要点和技术导则》

八、项目经验总结与宣传推广

(一)对性能评定项目进行公告

对于通过住宅性能评定终评的项目,在2017年以前,建设部、住房和城乡建设部分别于2001年、2002年、2004年、2006年、2008年、2009年、2010年、2013年、2017年,对532个通过终审的项目分9批进行了公告(图3-8-1)。

(二)召开建设经验交流会

为推进我国住宅产业现代化,推广新理念、新技术、好经验、好做法,推动我国A级住宅的建设与发展,全面提升我国住宅综合品质和性能,住房和城乡建设部住宅产业化促进中心先后在杭州(2008年)、北京(2009年)、上海(2010年)、北京(2013年)等地举办了多次"住宅性能认定工作座谈会"或"A级住宅建设经验交流大会"。

会议邀请相关领导和专家就我国住宅产业现代化的发展趋势做主题演讲,邀请部分地区住宅产业化机构负责人就如何推动我国住宅产业现代化以及性能认定工作做精彩演讲,邀请优秀企业代表作经验介绍,开展主题对话,组织与

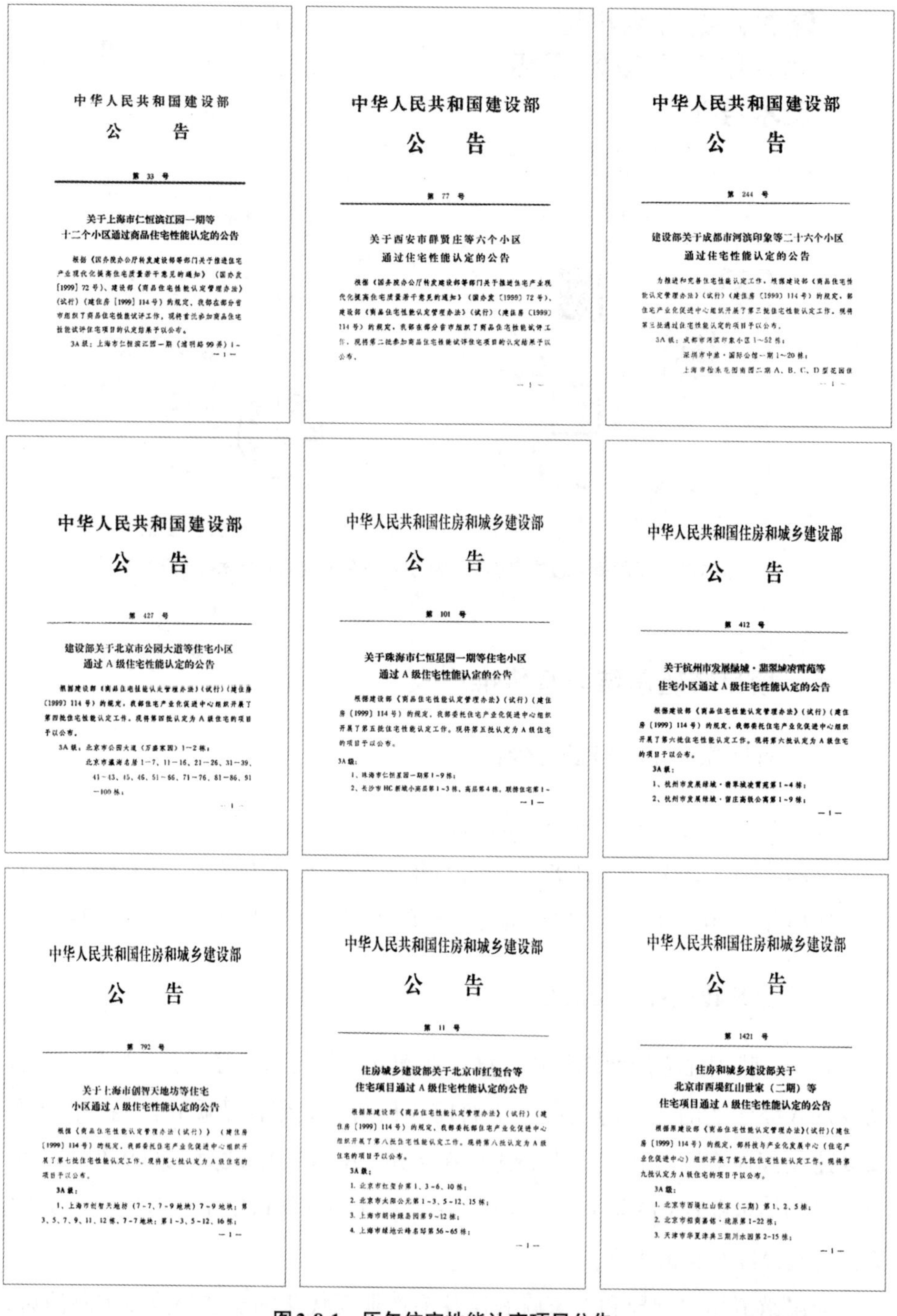

中华人民共和国建设部
公　　告
第 33 号
关于上海市仁恒滨江园一期等
十二个小区通过商品住宅性能认定的公告
根据《国务院办公厅转发建设部等部门关于推进住宅产业现代化提高住宅质量若干意见的通知》（国办发〔1999〕72号）、建设部《商品住宅性能认定管理办法》（试行）（建住房〔1999〕114号）的规定，我部在部分省市组织了商品住宅性能试评工作，现将首批参加商品住宅性能试评住宅项目的认定结果予以公布。
3A级：上海市仁恒滨江园一期（浦明路99弄）1～
— 1 —

中华人民共和国建设部
公　　告
第 77 号
关于西安市群贤庄等六个小区
通过住宅性能认定的公告
根据《国务院办公厅转发建设部等部门关于推进住宅产业现代化提高住宅质量若干意见的通知》（国办发〔1999〕72号）、建设部《商品住宅性能认定管理办法》（试行）（建住房〔1999〕114号）的规定，我部在部分省市组织了商品住宅性能试评工作，现将第二批参加商品住宅性能试评住宅项目的认定结果予以公布。
— 1 —

中华人民共和国建设部
公　　告
第 244 号
建设部关于成都市河滨印象等二十六个小区
通过住宅性能认定的公告
为推进和完善住宅性能认定工作，根据建设部《商品住宅性能认定管理办法》（试行）（建住房〔1999〕114号）的规定，部住宅产业化促进中心组织开展了第三批住宅性能认定工作。现将第三批通过住宅性能认定的项目予以公布。
3A级：成都市河滨印象小区1～52栋；
深圳市中旅·国际公馆一期1～20栋；
上海市徐东花园南园二期A、B、C、D型花园住
— 1 —

中华人民共和国建设部
公　　告
第 427 号
建设部关于北京市公园大道等住宅小区
通过A级住宅性能认定的公告
根据建设部《商品住宅性能认定管理办法》（试行）（建住房〔1999〕114号）的规定，我部住宅产业化促进中心组织开展了第四批住宅性能认定工作。现将第四批认定为A级住宅的项目予以公布。
3A级：北京市公园大道（万盛家园）1—2栋；
北京市瀛海名居1—7、11—16、21—26、31—39、41—43、45、46、51—66、71—76、81—86、91—100栋；
— 1 —

中华人民共和国住房和城乡建设部
公　　告
第 101 号
关于珠海市仁恒星园一期等住宅小区
通过A级住宅性能认定的公告
根据建设部《商品住宅性能认定管理办法》（试行）（建住房〔1999〕114号）的规定，我部委托住宅产业化促进中心组织开展了第五批住宅性能认定工作。现将第五批认定为A级住宅的项目予以公布。
3A级：
1、珠海市仁恒星园一期第1-9栋；
2、长沙市HC新城小高层第1-3栋、高层第4栋、联排住宅第1-
— 1 —

中华人民共和国住房和城乡建设部
公　　告
第 412 号
关于杭州市发展绿城·翡翠城凌霄苑等
住宅小区通过A级住宅性能认定的公告
根据建设部《商品住宅性能认定管理办法》（试行）（建住房〔1999〕114号）的规定，我部委托住宅产业化促进中心组织开展了第六批住宅性能认定工作。现将第六批认定为A级住宅的项目予以公布。
3A级：
1、杭州市发展绿城·翡翠城凌霄苑第1-4栋；
2、杭州市发展绿城·留庄高级公寓第1-9栋；
— 1 —

中华人民共和国住房和城乡建设部
公　　告
第 792 号
关于上海市创智天地坊等住宅
小区通过A级住宅性能认定的公告
根据《商品住宅性能认定管理办法（试行）》（建住房〔1999〕114号）的规定，我部委托住宅产业化促进中心组织开展了第七批住宅性能认定工作。现将第七批认定为A级住宅的项目予以公布。
3A级：
1、上海市创智天地坊（7-7、7-9地块）7-9地块：第3、5、7、9、11、12栋，7-7地块：第1-3、5-12、16栋；
— 1 —

中华人民共和国住房和城乡建设部
公　　告
第 11 号
住房城乡建设部关于北京市红玺台等
住宅项目通过A级住宅性能认定的公告
根据原建设部《商品住宅性能认定管理办法》（试行）（建住房〔1999〕114号）的规定，我部委托部住宅产业化促进中心组织开展了第八批住宅性能认定工作。现将第八批认定为A级住宅的项目予以公布。
3A级：
1. 北京市红玺台第1、3-6、10栋；
2. 北京市太阳公元第1-3、5-12、15栋；
3. 上海市朗诗绿岛园第9-12栋；
4. 上海市绿地云峰名邸第56-65栋；
— 1 —

中华人民共和国住房和城乡建设部
公　　告
第 1421 号
住房和城乡建设部关于
北京市西堤红山世家（二期）等
住宅项目通过A级住宅性能认定的公告
根据原建设部《商品住宅性能认定管理办法》（试行）（建住房〔1999〕114号）的规定，部科技与产业化发展中心（住宅产业化促进中心）组织开展了第九批住宅性能认定工作。现将第九批认定为A级住宅的项目予以公布。
3A级：
1. 北京市西堤红山世家（二期）第1、2、5栋；
2. 北京市招商嘉铭·珑原第1-22栋；
3. 天津市华夏津典三期川水园第2-15栋；
— 1 —

图3-8-1　历年住宅性能认定项目公告

会人员参观当地优秀住宅建设项目等。通过会议形式推动我国住宅综合性能和品质的提升，推动我国高品质住宅的建设。

（三）组织参加住博会展览

自建设部住宅产业化促进中心2000年开始承办第二届中国国际住宅产业博览会以来，连续十一届（自第10届改名为"中国国际住宅产业暨建筑工业化产品与设备博览会"），组织住宅性能评定项目的开发建设单位或者部品供应商参与项目展览展示，参与会议交流，通过搭建起技术交流与合作的平台，促进了产业技术进步和行业健康发展，取得良好效果。

九、项目积累与机构变迁

（一）住宅性能评定项目数量

截至2021年底，住宅性能评定项目已达2000多个。项目覆盖全国（不含港澳台）除西藏外的30个省、自治区和直辖市。其中，1999—2012年，共完成性能评定初评项目874个，终评项目398个；2013—2021年，共完成住宅性能评定初评项目654个，终评项目320个。住宅性能评定工作大大促进了住宅品质的提升，住宅性能评定工作已得到大众的支持和认可，在部分地区具有很高的知名度和社会影响力。

（二）管理办法与工作机构变迁

1. 新版管理办法的制定

为响应《中共中央 国务院关于开展质量提升行动的指导意见》以及《住房城乡建设部关于印发工程质量安全提升行动方案的通知》精神，推动全国建筑性能第三方评定的发展以及建筑质量不断提升，2018年4月4日，住房和城乡建设部科技与产业化发展中心（以下简称"科技与产业化发展中心"）印发《关于提升建筑品质 开展建筑性能评定工作的通知》（建科中心〔2018〕14号），新版《建筑性能评定办法（试行）》作为附件一并印发。《建筑性能评定办法（试行）》将公共建筑也列入了住宅性能评定的范畴，由科技与产业化发展中心依据该办法组织开展建筑性能评定，对通过评定的项目进行公示、公告和颁发证书、标牌，并建立评定档案，接受政府有关部门和社会监督。为保证建筑性能评定工作质量，科技与产业化发展中心组织建立建筑性能评定专家库，负责提供建筑性能评定技术支持并开展专家评审工作。建筑性能评定专家库专家在全国范围内选聘，各地性能评定工作机构可协助推荐（图3-9-1）。

图3-9-1　新版《建筑性能评定办法（试行）》

2. 工作机构的变迁

根据新发展阶段住房和城乡建设领域重点工作需要，按照整合资源、优化结构、统筹兼顾、突出重点的原则，聚焦部重点工作，突出为部服务主责主业，同时适应发展需要，经部党组、人事司批复同意，住房和城乡建设部住宅产业化促进中心先后进行了多次内设机构调整。

2012年10月，原住房和城乡建设部科技发展促进中心与住房和城乡建设部住宅产业化促进中心合并重组，设置了综合处、财务处、规划发展处（科研管理处）、信息处、建筑节能发展处、绿色建筑发展处、科技工程与技术咨询处、住宅示范工程处、建筑技术处、城乡减排技术处、墙材革新与结构技术处、国际合作交流处、评估推广处、产品认证处、性能认定处、建筑节能数据监测分析处、房地产市场监测分析处等17个内设机构。住宅性能认定处的职能为：负责指导和组织开展全国住宅（建筑）性能认定工作。

2020年8月，合并性能认定处、房地产市场监测分析处，设立住房和房地产处。组织开展住宅与建筑性能评定工作仍然是住房和房地产处的主要职能之一。

十、住宅性能认定工作的现实意义和发展面临的问题

（一）住宅性能认定工作的现实意义

1. 住宅性能认定是推进我国住宅产业现代化的重要抓手

住宅产业现代化是一项综合性的系统工程，需要依托具体抓手来加以推进。住宅性能认定与康居示范工程、住宅产业化基地、住宅部品认证等，都是推进我国住宅产业现代化的重要抓手。住宅性能认定制度试行以来，通过建立试点城市、成立专门的工作机构、完善相关配套政策、建立住宅性能研发基地等方式，推动了住宅性能认定制度在全国各地的发展，同时也推进了我国住宅产业现代化的发展。目前已建立的龙信建设集团有限公司、浙江泰格集成房屋有限公司、苏州科逸住宅设备股份有限公司、博洛尼旗舰装饰装修工程（北京）有限公司、厦门市万安实业有限公司、路达（厦门）工业有限公司、潍坊市宇虹防水材料（集团）有限公司、滁州扬子光大钢构住宅有限公司、山东东海建设集团有限公司等9个住宅性能研发基地中，有3个在住宅性能研发基地的基础上，顺利成为国家住宅产业化基地。

2. 住宅性能认定是全面提升我国住宅性能品质的重要手段

住宅性能认定制度经过多年的发展，在全国很多省市都成立了如住宅产业化促进中心、住宅产业化办公室、住房和城乡建设厅房地产处、房地产业协会、墙材革新和建筑节能管理办公室、房地产开发管理办公室、建委等住宅产业化工作机构。目前住宅性能认定项目已覆盖我国30个省、自治区和直辖市，陆续有1500多个住宅项目通过住宅性能认定预审，700多个项目通过住宅性能认定终审，住房和城乡建设部已分别于2001年、2002年、2004年、2006年、2008年、2009年、2010年、2013年、2017年，对532个通过终审的项目分9批进行了公告。性能认定工作的大力开展和大量住宅性能认定项目的涌现，切实推动了我国住宅性能品质的全面提升。是否通过住宅性能认定在很多省市都已经成为当地消费者购房时首要考虑的条件之一。

3. 住宅性能认定是保障住宅消费者权益的重要程序

住宅综合性能品质的高低与住宅消费者利益息息相关。住宅性能认定以住宅产品作为评价对象，从消费者的居住体验和使用感受入手，依据国家标准《住宅性能评定技术标准》来对住宅的各项性能品质进行全面的衡量和打分。

通过住宅性能认定的住宅都是同类型住宅中综合性能品质较好的住宅。可以说，住宅性能认定，是通过认定这样一种技术服务的方式，为住宅的综合性能品质把关，为住宅消费者的权益把关。由于是采取自愿申请的原则，并且依据严格的评价标准和程序来评审，因此，通过住宅性能认定的住宅必定是消费者可以放心购买、安心使用的好住宅。

4. 住宅性能认定是为各类住宅示范项目把关的基础性评价工作

住宅性能认定是对住宅进行全面、综合、客观评价的一项技术工作。住宅性能认定不仅是衡量住宅综合品质的标尺，更是为国家住宅试点（示范）工程把关的必要措施。按照《商品住宅性能认定管理办法（试行）》建住房〔1999〕114号有关规定，国家、省级住宅试点（示范）工程的新建住宅小区应申请住宅性能认定。"广厦奖"是经国家批准，由中国房地产业协会和我中心共同组织的我国房地产开发项目的综合性大奖，获奖项目是由地方推荐、消费者认可、专家和评委认定的优秀的房地产项目。"广厦奖"（住宅类）项目也必须通过性能认定这个标杆，以保障获奖项目的综合性能品质。申报"广厦奖"（住宅类）项目的基本条件之一就是："符合国家颁布的《住宅性能评定技术标准》GB/T 50362—2005规定的2A级及以上性能等级标准"。"广厦奖"（住宅类）项目的评价标准分为六个评价指标体系，其中前五个评价指标体系，即为《住宅性能评定技术标准》GB/T 50362—2005所规定的住宅的五大性能评价指标体系，分值也占到总分值的六分之五。自2007年起至2021年底，已陆续有684个项目通过住宅性能认定终审并获"广厦奖"（住宅类）项目殊荣。此外，青海省还将住宅性能认定作为绿色建筑评价的前置条件，符合相关条件申请绿色建筑评价的项目，必须要先通过住宅性能认定；黑龙江省、上海市、青海省还将住宅性能认定与省内各类住宅示范、试点项目相结合。

5. 促进了住宅相关技术的深入研究

住宅性能认定制度试行以来，不仅建立了9个住宅性能研发基地，由专门的团队深入研究提高住宅各项性能的专业技术，如全装修、整体卫浴、内隔墙、节能窗、外遮阳、防水、钢结构、智能化等等。此外，还着重研究住宅的环境性能，编制了《居住小区智能化系统建设要点与技术导则》，制定了行业标准《居住小区智能化系统配置技术要求》和《居住小区智能化系统和产品应用技术要求》，并于2012年编制出版了《养老住区智能化系统建设要点与技术导则》。此外，为了进一步规范国家A级住宅小区的标识系统建设要求，提高住宅小区的环境性能，鼓励和引导住宅小区的标识系统建设采用新技术，进行科学设计、优化集成、精心建设，以提高住区高新技术含量和居住环境水平，满足居民现代居住生活的需求，会同南京建邺城镇建设开发集团有限公司，共同编制了《国家A级住宅小区标识系统建设要点和技术导则》，目前已由中国建筑工业出版社出版发行。可以说，住宅性能认定工作的开展，促进了住宅相关技术的深入和广泛研究。

（二）发展面临的问题

1. 工作机构的弱化

各地的住宅性能认定工作机构对住宅性能认定的生存和发展起到了不可磨灭的支撑作用，可以说这些工作机构的支持和无私奉献是住宅性能认定的基石，是住宅性能认定工作得以蓬勃发展的坚强后盾。2012年，由于机构改革，原住房和城乡建设部住宅产业化促进中心、住房和城乡建设部科技发展促进中心合并为住房和城乡建设部科技与产业化发展中心（住房和城乡建设部住宅产业化促进中心），合并后的单位归口管理司局为建筑节能与科技司。合并后面临的挑战是：一方面，这些工作机构，大都隶属于当地的房地产处或房产科，归口管理司局为房地产市场监管司。机构改革后，原来这些地方工作机构与住房和城乡建设部住宅产业化促进中心进行工作配合的工作机制显得不再合理和顺畅。另一方面，由于住房和城乡建设部住宅产业化促进中心的合并，这些工作机构也纷纷改革或撤销。或者弱化了住宅性能评定的工作职能。

失去长期依赖的工作基石，对住宅性能认定工作将是一个很严峻的挑战和考验。

2. 激励政策不续性

由于《住宅性能评定技术标准》GB/T 50362—2005是推荐性国家标准，住宅性能评定是自愿申请，而且住宅性能评定对于住宅的各项技术指标要求都比较高，使得住宅性能评定工作的发展受到一定的限制。住宅性能评定工作前期能够在很多地区蓬勃发展，并且得到了消费者的一致认可，得益于各地机构的大力支持，更得益于众多工作机构所制定的一系列推动和激励政策。但是，机构的弱化，带来政策的不连续性。虽然在很多地区住宅性能评定具有很大的影响力，具有很强的发展诉求，但是由于激励政策的不连续性甚至缺失，导致后续发展动力缺乏。

可以说，住宅性能评定已发展到一个关键时期，亟需突破当前的发展瓶颈，努力开拓更为广阔的发展空间。如何把握当前的发展机遇，营造住宅性能评定的社会大氛围，调动房地产开发企业的积极性，明确房地产开发企业的社会责任，充分满足消费者对于高品质住宅的渴求，是下一步的工作重点。因此，需要逐步完善相关制度。只有进一步健全住宅性能评定的激励机制，同时拓宽住宅性能评定的覆盖范围，才能推动性能认定工作更加健康、全面地发展。

第四章　高品质住宅优秀案例

在20多年我国住宅性能评定工作和高品质住宅建设的发展过程中，全国各地涌现出了很多优秀的高品质住宅建设项目。有的是单独的住宅性能评定项目，有的是同时荣获"广厦奖"的住宅项目。这些优秀项目，有的是规划设计十分出色，有的施工质量让人叹服，有的科技含量较高，值得我们在后续高品质住宅的建设过程中学习和借鉴。

一、淄博市临淄区方正·康悦城（一期）

（一）项目简介

临淄区方正·康悦城（一期）建设项目位于淄博市临淄区康庄路以南，岳里东路以西，晏婴路以北，西侧为立体景观带。本项目工程总投资80450万元，建设用地5.65公顷，申报总建筑面积19.1252万平方米。项目开发10栋住宅楼，其中2栋18层住宅楼，8栋26层住宅楼，采用剪力墙结构。项目容积率2.50。项目以绿色、生态、环保、可持续建筑为目标，打造高适用性、环境性、经济性、安全性、耐久性、与自然和谐共生的高品质住区。康悦城（一期）项目已经获得二星级绿色建筑设计标识，获评"淄博市优秀住宅小区"、"山东省建筑工程优质结构"、住宅性能认定为3A级。

（二）项目特点

1.建筑造型简约大气

整体采用新亚洲风格，结合户型合理处置空调位、阳台等建筑元素，各种细节如线脚等简洁大方，材质选用稳重、大气的浅米黄色涂料并配合石材、铝窗套等，使建筑造型华丽而又不失时尚。

2. 以人为本的设计理念

建筑套型多样，以三室两厅一卫、四室两厅两卫为主，套型建筑面积90～200平方米，户型各厅室的建筑面积、空间布置结合当地的生活方式及居住习惯，进行合理分隔。公共活动区域均直接采光、平面构图及空间尺度达到理想比例。各厅室之间南北通透，主要厅室均布于南向，舒适度高。采用地上首层、地下二层的双大堂设计，车库层与负二层大堂平层进入，采用人脸识别智能门禁系统。结合住宅负一层储藏室设计非机动车集中停放区，并配备电动车充电桩。直饮水入户。全装修交付。

3. 景观丰富、环境优美

小区规划设计充分保持原有场地地形的基本走向，保证在项目实施过程中绿化面积不减少、树种种类在规范要求的45种以上；景观设计主张"三成草，七成树"的绿化搭配方法，多选用种植本地易生长的树种，塑造出景色宜人，层次感强的绿化景观，达到了景观绿化遮阳的目的。项目整体绿化率达到了35%。小区交通系统规划为完全人车分流体系，在小区入口处即人车分流，互不干扰。

4. 低碳环保的设计理念

秉承建设绿色、循环、生态、可持续建筑的理念，从节能、节地、节水、节材、保护环境和减少污染方面入手，采用了户式节能、变频中央空调系统，户式新风热回收系统，CL夹芯板保温技术，智能化系统配置，中水利用、雨水回收系统，高强钢筋应用技术，太阳能与建筑一体化技术，低温热水地板辐射供暖技术，小机房变频节能电梯技术，铝合金隔热断桥中空玻璃门窗技术，Low-E玻璃及外窗平开内倒技术等70多项国家推广成套新技术。

（三）项目图片（图4-1-1～图4-1-12）

图4-1-1　鸟瞰图

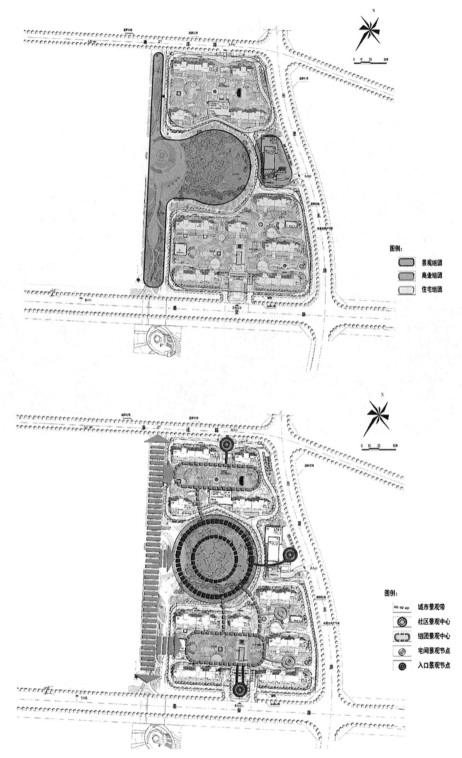

图 4-1-2　规划分析图 1

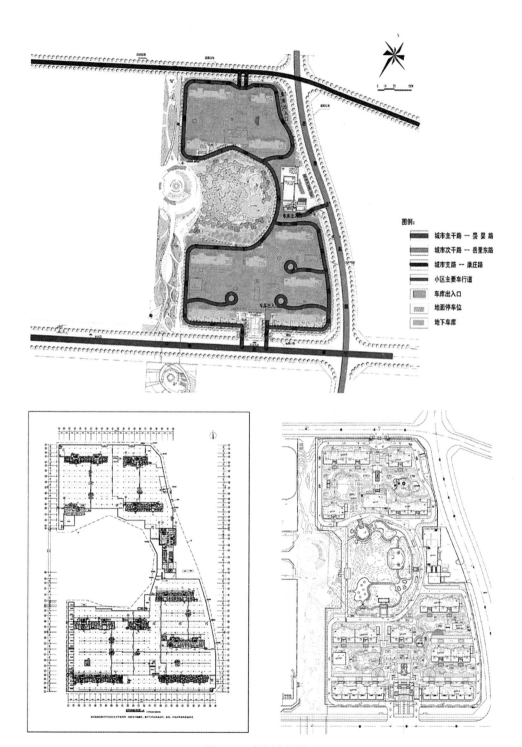

图 4-1-3　规划分析图 2

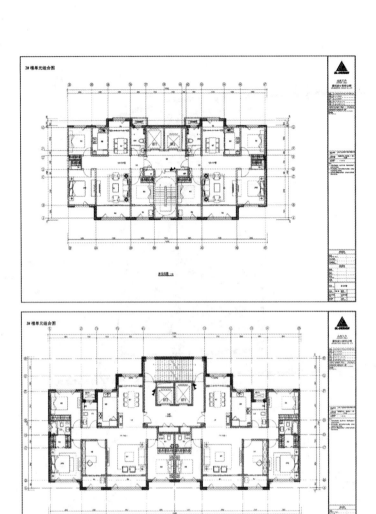

图 4-1-4 平面图 1

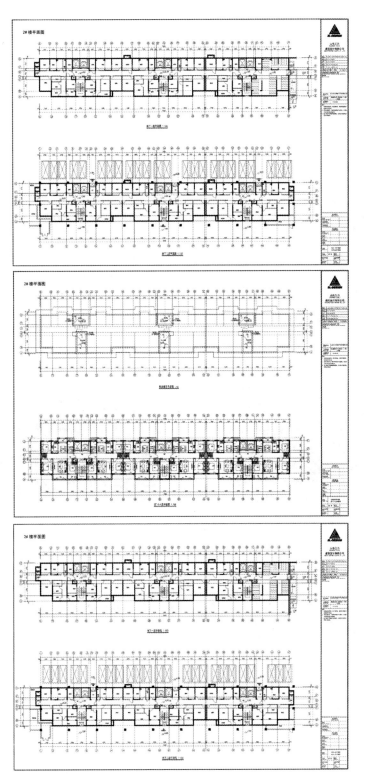

图 4-1-5 平面图 2

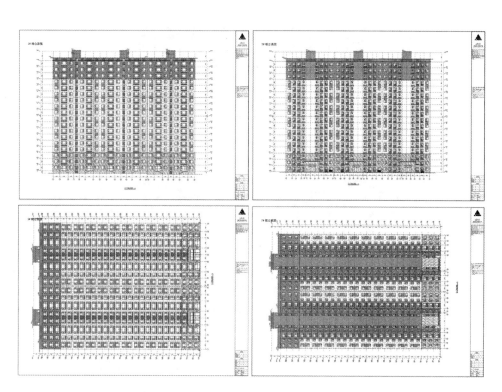

图 4-1-6 立面图

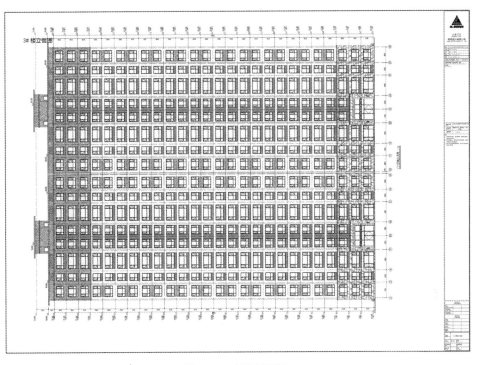

图4-1-7 立面剖面图1

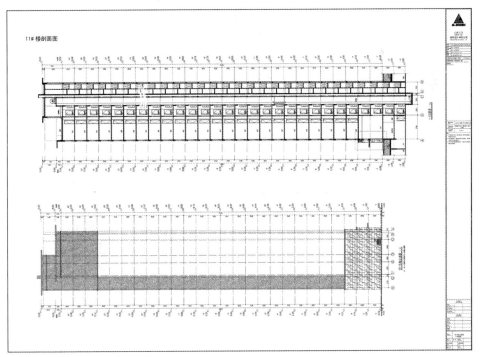

图4-1-8 立面剖面图2

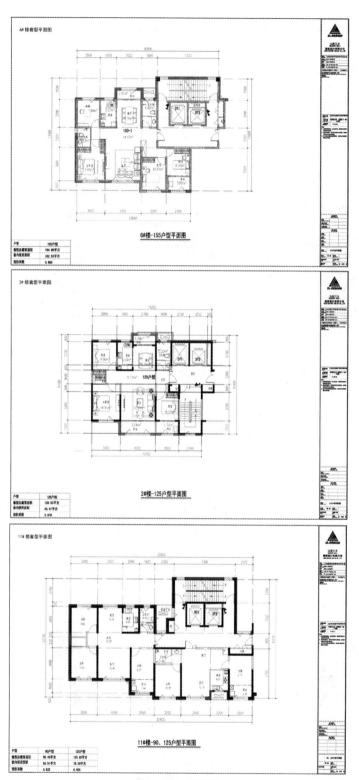

图 4-1-9 户型图

图 4-1-10　实景图 1

图 4-1-11　实景图 2

图 4-1-12　实景图 3

(四)专家评审意见摘要

1. 适用性能

户型尚可优化;住宅楼四个立面的电子监控、开放空间的安全措施尚需加强;地下电动车火火(喷淋)设施应加强;配套设施精细化处理尚可加强(老人服务间、健身房、幼儿园);铝窗套改进方案;地下车库可考虑光导管的应用;消防控制室应加坡道;车库挑檐再加长,以防雨水倒灌、溯雨;立面屋檐再美化。

2. 环境性能

规划通过邻里中心把安置区与开发区融为一体,较好解决安置居民的就业问题。建筑主体以高层一梯两户为主,住宅的户型平面、开间、进深比例适中,通风采光良好。每户建筑面积90～200平方米,满足各阶层的需求,户型套内功能齐全,分区合理。各部分面积比例恰当,房间尺寸长宽比例合理,全装修精良,新风系统的应用,隔声性能满足规范要求,无障碍设施齐全。建议:进一步健全室外场地无障碍坡道扶手安装;部分卫生间布局有待优化。

3. 经济性能

在节能方面,本项目按65%节能要求和山东省《居住建筑节能设计标准》DB 37/5026—2014设计。外墙采用80毫米厚挤塑聚苯板保温;屋面采用85毫米厚挤塑聚苯板保温;外窗采用隔热断桥铝合金三玻两腔(6+9A+5+9A+5Low-E)平开窗,规定性指标全部满足标准要求。在节水方面:有中水处理设施,有雨水收集器收集雨水,采用节水器具。在节地方面:地下停车位占总体车位的97%,利用地下空间建设地下中水处理站,热力间等。在节材方面:主体工程大量采用钢筋、水泥等可再生材料。

4. 安全、耐久性能

该工程规划设计合理,服务功能齐全,绿化、景观打造合理先进,功能区划分较好,并融为一体,室外工程施工精细。结构安全符合要求,平面布局合理,使用功能配套完备,屋面工程做工精细,太阳能集热管布置清新,外装平整牢固,外窗防水处理措施得当(加装外窗套);室内精装细致,用材考究,做工精细,色彩搭配合理;CL体系大大提升保温效果与耐久性。机电安装符合要求。地库地面平整,无裂缝;清水混凝土顶板及下沉景观挡墙效果较好。建议:中水设备调试注意降低噪声;清水混凝土应用可在模架体系方面下功夫;儿童游玩区应从安全角度消除隐患;防高空坠物,加强监控。该工程可推荐质量工程奖。

二、德州市德州·壹号院

(一)项目概况

该项目由东海建设集团有限公司开发建设(以下简称东海集团),东海集团始建于1998年,注册于国家工商总局,拥有房地产开发国家一级资质、房屋建筑工程施工国家一级资质,先后获得"中国房地产业协会副会长单位""2014中国房地产开发企业200强""2015中国房地产品牌价值企业100强"等各级各类荣誉300多项。始终秉持着高标准、高要求的设计理念,受到业内的高度赞誉。"德州·壹号院"项目位于德州市经济技术开发区国防路以南、规划11号线以西,占地135.24亩,是以居住性质为主的综合性社区,区域总建筑面积28.56万平方米,总投资约15亿元,容积率为2.18,绿地率35%。该项目是东海集团在2017—2018年度开发的重点项目,公司追求卓越、倡导绿色环保,精益求精,以一流的设计、一流的质量、一流的服务打造出不折不扣的一流地产精品。项目投入使用以来深受广大业主的好评和社会各界的赞誉,有力地提升了德州城区城市规划内涵和建设水平。

(二)项目特点

1.地理位置优越

项目位于德州经济技术开发区中心区西部,地块南起规划十六号线,北达规划五号线国防路,西侧为规划十号线,东侧为规划十一号线,远离工业区。该项目周边自然资源丰富,南侧为规划的太阳城公园,毗邻锦绣川湿地公园及长河公园,区域位置极佳;配套服务设施齐全,南侧有太阳城幼儿园、太阳城小学、弘德中学、德州一中新校区;周围有人民医院开发区分院及中医院开发区分院、德百澳德乐、红星美凯龙、银行、五星级酒店等,生活极其方便。

2.平面规划严谨大气

平面规划传承中式文化,采用中轴对称的形式,由南到北依次增高,此布置彰显高贵层级与严格礼仪。在满足采光的同时适当的加大楼间距,提升了光照率和太阳能的利用率,精心设计小区路网,打破呆板和单调。在空间组织设计上充分考虑到了居民的日常行为特点和领域空间意识,形成合理舒适的空间结构。

3. 建筑风格颇具内涵

新中式风格,传承中国传统建筑,与现代建筑相结合;建筑外立面仍然保留着中式住宅的神韵和精髓,"天人合一、浑然一体",运用现代建筑材料和新技术提炼出传统建筑的符号元素和内涵意义。

4. 景观布置疏落有致

景观采用前庭后园,重进院落;集锦布局,园中之园;诗情画意,文化人居的设计理念打造中式传承、皇家园林风范。小区绿化及景观设计突出以人为本并结合当地地域特色的理念:以人为本、以绿为主、因地制宜、崇尚自然。同时,注重提高住宅环境品质,强调居住环境的均好性,为小区的业主提供舒适的居住环境。

5. 设计施工技术先进

《BIM技术在德州·壹号院项目中的应用》荣获2017年度山东省建筑信息模型(BIM)技术应用成果综合组最佳应用奖。德州·壹号院C4号、C5号楼工程均荣获2018年度"山东省建筑工程优质结构"工程。

(三)项目图片(图4-2-1~图4-2-13)

图4-2-1 鸟瞰图

图 4-2-2　高层效果图

图 4-2-3　洋房效果图

图 4-2-4 沿街商业效果图

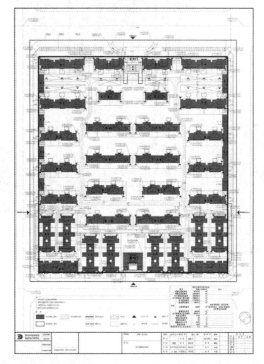

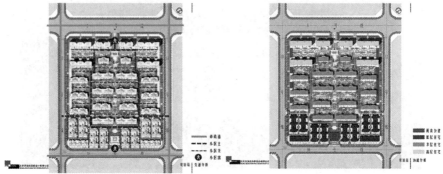

图 4-2-5 规划分析图

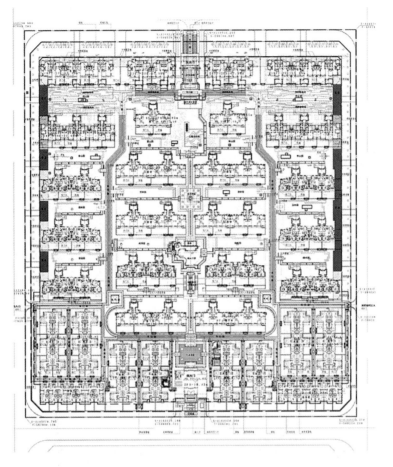

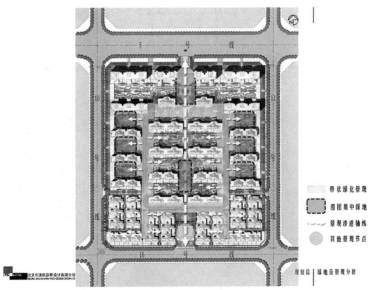

图 4-2-6 景观分析图

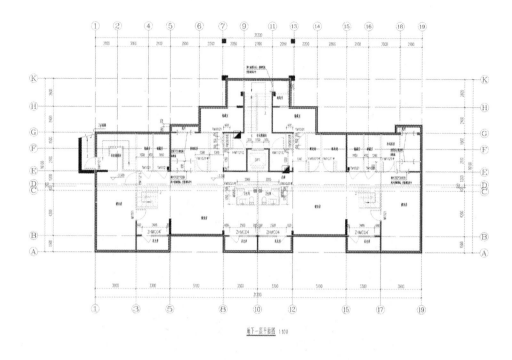
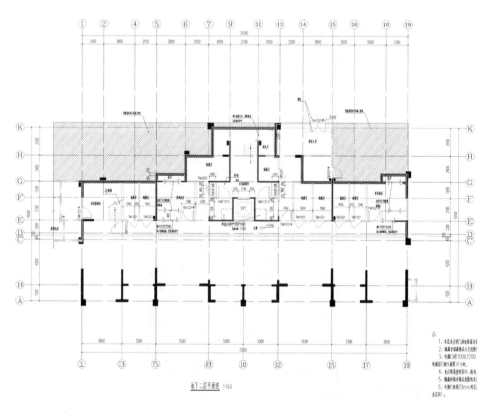

图 4-2-7　平面图 1

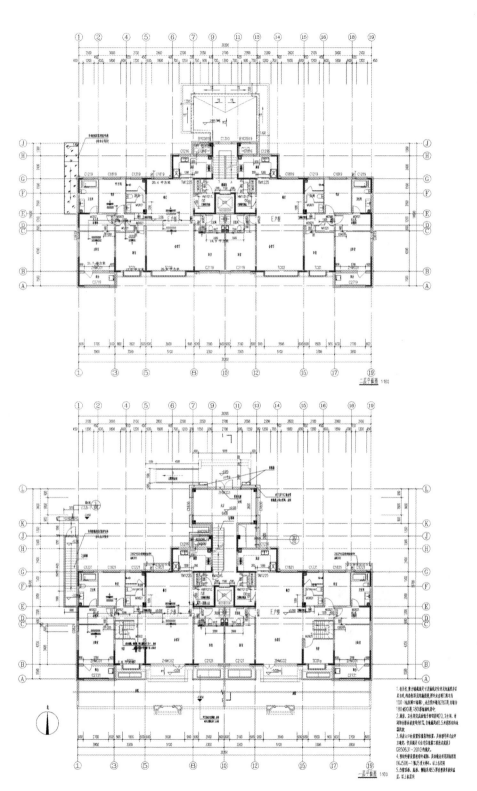

图 4-2-8 平面图 2

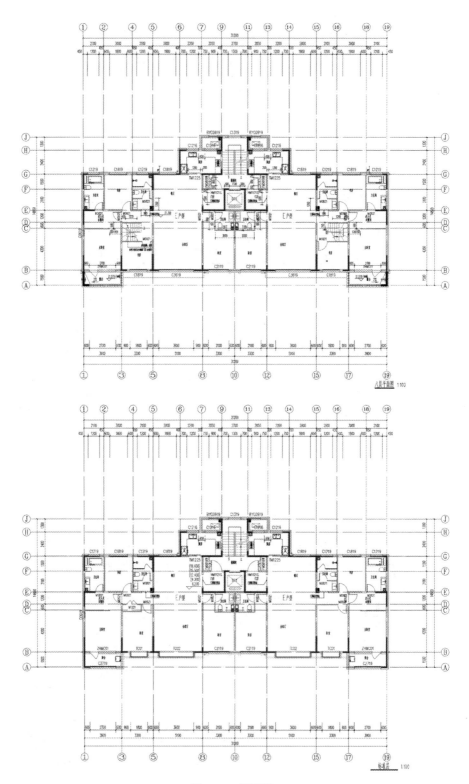

图 4-2-9 平面图 3

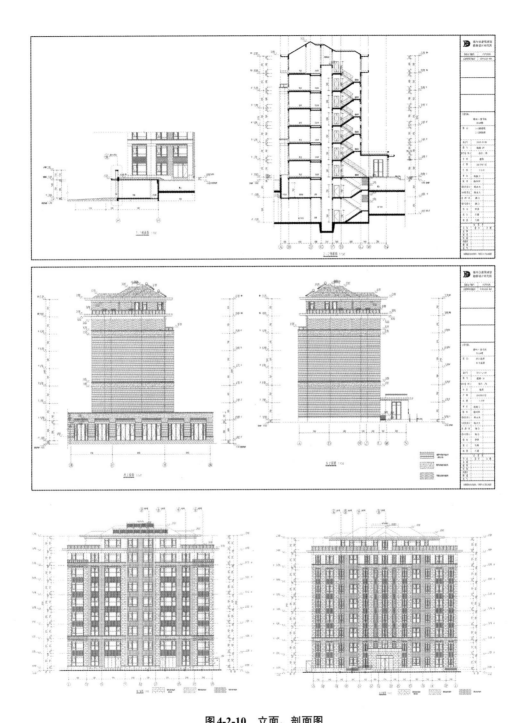

图 4-2-10 立面、剖面图

A3A10#户型图 476平方米

地下二层平面图　　地下一层平面图　　　　　　　　二层平面图　　三层平面图

一层平面图

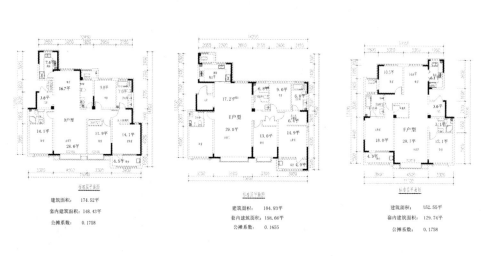

图 4-2-11　户型图

图 4-2-12　实景图 1

图 4-2-13 实景图 2

（四）专家评审意见摘要

1.适用性能

建筑由多层、低层、高层组成，空间层次丰富。建筑户型单元均为一梯两户，面宽进深比例合理，通风采光良好。户内功能齐全，各部分面积比例合理，房间长宽尺寸适中。应用新风系统，全装修精良，中式风格突出，隔声性能满足规范要求，设施设备、无障碍设施齐全。建议：室外无障碍坡道应增加扶手；部分老人用房卫生间宜满足无障碍要求，宜独立设阳台；部分大户型厨房、卫生间面积有待优化。

2.环境性能

无障碍设施宜在主入口、建筑物入口、院落、其他开放空间等部位继续完善；适老性建筑宜在别墅、主入口、建筑物入口、室内空间等开展与完善；别墅定位与室内空间尺寸再匹配（厨房、卫生间似可再大些）；顶部（上部）立面颜色稍显厚重，可再浅亮一些；消防控制室门应直接向外开，且应为甲级防火门；室外硬质铺装似可用PC金刚石，以代替天然花岗石；地下室门（卷帘门）应为防火卷帘门（耐火≥2小时），且旁侧增开人行小门。

3.经济性能

节能方面，本项目按照65%节能要求和山东省《居住建筑节能设计标准》DB37/5026—2014、《严寒和寒冷地区居住建筑节能设计标准》JGJ 26—2018进行设计。外墙采用混凝土梁、柱、剪力墙采用TS外保温体系；女儿墙内侧采用30毫米厚玻化微珠，填充墙采用GH轻集料混凝土自保温砌块。屋面采用挤塑聚苯板保温层（低层100毫米厚，多层与高层85毫米厚）。门窗采用断桥隔热铝合金窗（5+12A+5+12A+5）。部分楼栋的屋面传热系数、外墙平均传热系数、外墙可开启面积与地面面积比等指标不满足标准要求，但经权衡计算达到了标准限值要求，考虑了太阳能提供热水。在节水方面，采用了雨水收集和雨水回渗措施，采用了节水型器具，绿化采用滴灌、微喷等节水灌溉措施。没有考虑中水的利用。注意景观水体水质的保持。在节地方面，地下停车位、储藏间、设备用房等空间设置在地下。采用工业固体废弃物制造的墙体材料代替黏土砖。在节材方面，采用了一些设计施工新技术，考虑了施工过程中边角废料的回收利用。但对可再生材料的利用可以进一步考虑。

4. 安全、耐久性能

该工程规划设计合理,将中国南北传统建筑融于一体,景观打造用心,施工精细,人车分流。地基基础工程、主体工程安全度符合设计要求,节能、节地、节水、节材及十大技术应用较好,获70多项专利及工法应用,获山东"泰山杯"工程。外保温符合要求,坡屋面,色彩符合设计要求,门窗性能较好,防高空坠落有监控。建议:无障碍通道应完备,畅顺性待提升;老年设施需提高;水系系统周边儿童安全措施应加强;地库入户应开启一侧小门。

三、南宁市盛天东郡公园ONA

(一)项目概况

南宁市盛天东郡公园ONA项目用地位于南宁市区中心昆仑大道南侧,西邻药用植物园,东为金桥客运站,B地块总用地面积为191854.78平方米(以国土部门实测为准)。地块东、南、西、北临城市规划道路。此次参评的第13~17号楼地块南临规划5号路、西临三期在建多层、北临二期在建高层,东临幼儿园用地,是本项目的自然景观较好位置,是开发高品住宅的绝佳地段。项目用地周边配套齐全,交通便利,环境景观优越,适合打造成现代高品质生活社区,同时成为兴宁区独具特色的优雅居住区。

(二)项目特点

1. Y型布局

盛天东郡的整体规划设计从香港、广州引入成熟的豪宅模式,基于对南宁常年东南风的气候条件和毗邻全球最大药用植物园的景观条件的充分理解后,引入"Y形布局"设计,整个小区是由大Y设计成,每一栋楼都是一个小Y设计,以Y形布局的设计,使整个小区获得更好的通风、采光、视野,特别是大部分都可以看到植物园景观。

2. 动感造型

在设计上摒弃繁复装饰,采用简约和极富动感的手法体现建筑本身所具有的美感,亦特别显出自然而极具风情的建筑特色。以富有动感的屋顶造型及通透变化的阳台,使建筑物更富有特色,体现出一组自然、时尚的建筑风格。

3. 低密度、高绿地率

项目建筑密度仅14%，绿地率高达60%，生态环境优美，生活环境舒适。项目规划依循盛天10多年来"造房先造园"的独特理念，先定建筑密度、先有园林，而后才生长建筑。超低的建筑密度，给予超宽的楼间距，感觉像房子是公园里长出来的。

4. 坡地景观、全龄主题

结合地形特点，巧妙设置小区路网与景观结构体系，构筑环境优雅、生态良好、建筑与景观一体化的闹市中心区花园般的居住氛围。打造适合各年龄段业主的主题园林，有适合亲子互动的主题园林、适合青壮年运动的运动主题园林，也有适合老年人休闲的凉亭和休闲栈道、太极广场。

5. 科学的户型设计

在户型设计中，运用了人体工程学原理，使业主与室内环境之间更加合理、协调，更加适合业主的身心活动，让业主居住更安全、更健康、更舒适。充分利用每一个尺寸的空间，不浪费一点面积。大面宽的平面设计使大部分户型拥有了优越的景观面、良好的通风及采光面。阳台的通透化设计，提供了更多的室外起居空间，使住户生活更贴近于自然，为家居生活引入更多的阳光与空气，连通了室内外空间。精装户型套内装修到位，配备全屋中央空调、一键全屋断电开关，卫生间干湿分离，客餐厅设置二级吊顶及灯带，卫生间石材门脚座，主次卫门口配置小夜灯，马桶边上的浴室柜侧面设置有置物功能。

6. 积极采用新技术

外墙采用蒸压加气混凝土砌块，防水材料使用湿铺防水卷材，建筑材料使用新三级钢，节电设施采用了照明节电技术，可再生能源采用了太阳能热水系统，施工采用铝合金模板及技术，施工采用全钢爬架工艺，施工采用外墙及窗淋水试验工艺等。此外，还使用了高强混凝土应用技术、高强钢筋应用技术、大直径钢筋直螺纹连接技术、早拆模板施工技术、工程量自动计算技术等节材新技术。保障了项目的节能节材和耐久性能。

(三)项目图片(图4-3-1~图4-3-11)

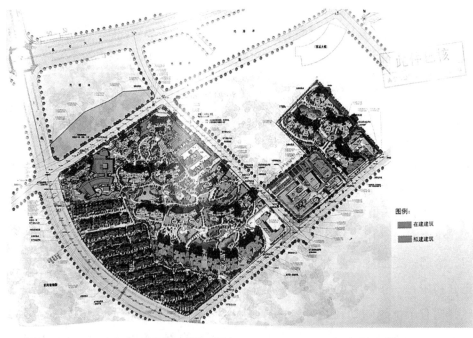

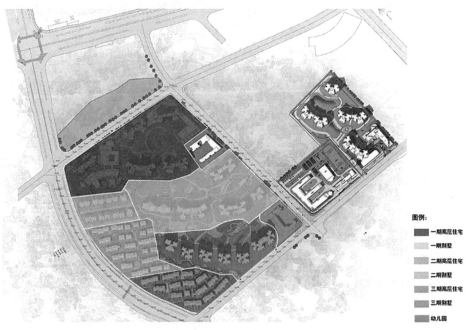

图4-3-1 总平面图

图 4-3-2　鸟瞰图

图 4-3-3　人视图

图 4-3-4 效果图

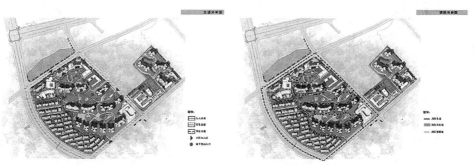

图 4-3-5 规划分析图

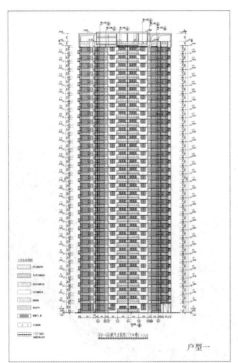
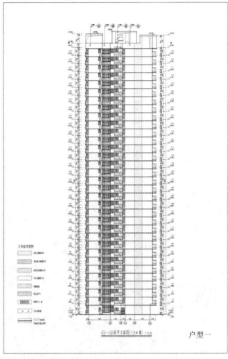
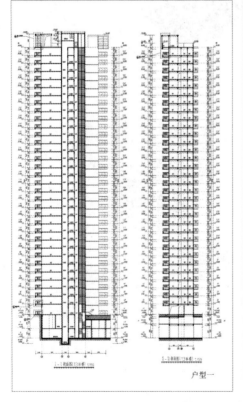

图 4-3-6 立面、剖面图

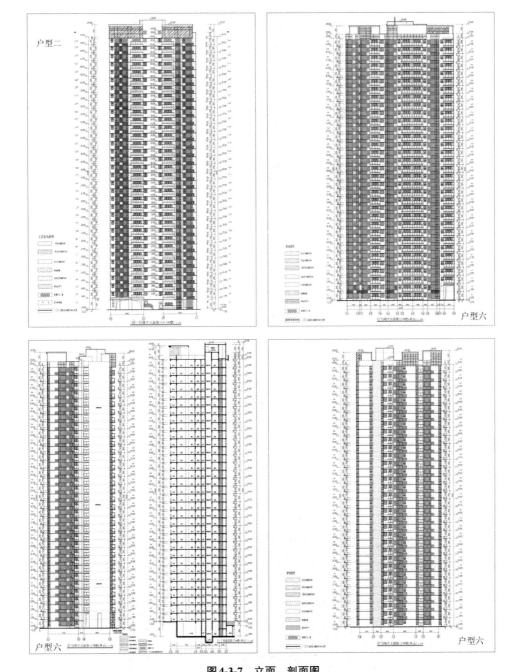

图 4-3-7 立面、剖面图

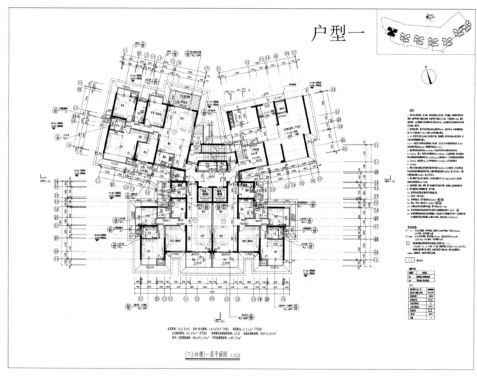

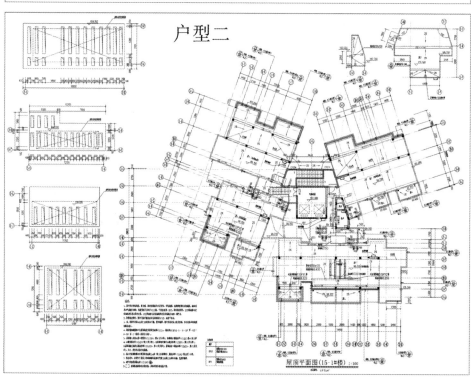

图 4-3-8　户型图 1

户型六

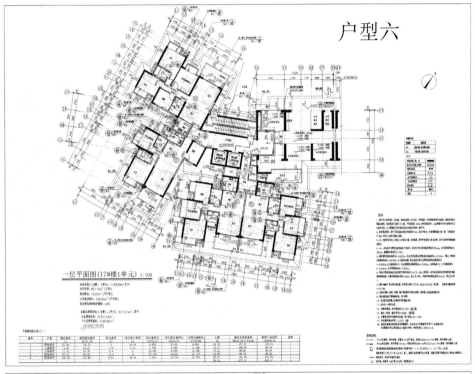

户型七

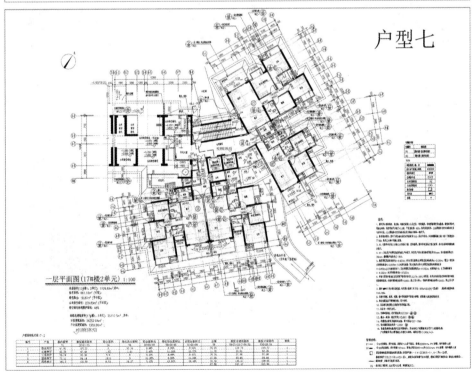

图 4-3-9 户型图 2

图 4-3-10　实景图 1

图 4-3-11　实景图 2

（四）专家评审意见摘要

1. 适用性能

该项目由6栋高层住宅组成，与一、二期工程形成了完整的社区，成规模，成气候，生活氛围良好。住宅平面设计合理，自然通风条件良好，功能分区明确，符合当地生活居民的生活习俗。住宅采用精装修（达80%以上），标准适中，得到用户的认可。利用住宅的底层架空，方便居民生活。建筑立面简洁大方，与城市环境相协调。绿化环境优越，居民利用率高。建议加强对外开窗的管理；园区内可设公共卫生间。

2. 环境性能

项目自建了大型综合会所，内有多种锻炼健身设施与场所，并设有室内外游泳池、儿童戏水池等。同时结合绿地设置了儿童活动场、老年人活动场等多种居民户外活动、休闲、娱乐、健身的场地。极大地方便了居民户外生活的方便性，现场检查效果良好。绿地规模较大，利用地形变化，绿植种类丰富，配置多样化，成长情况良好，绿量饱满，绿视率丰满，绿化空间多样化，居民反映良好。项目设有多种商业设施，配套建设了幼儿园，周边有多个大型商业设施，方便居民辅助生活需要。建议：进一步加强乔木管理，增加遮阴效果良好的乔木数量，提高居民户外活动的舒适性；加强户外场地无障碍通畅性管理和防灾减灾管理。

3. 经济性能

项目楼栋朝向坐北朝南，楼间距超过100米，采光通风良好；项目注重太阳能等新能源的利用；项目商品房的铝合金门窗的气密性较佳，质感较好；项目楼栋每套商品房配置家庭式中央空调，空调外机安装统一位置无阳光直晒，与建筑外形相协调，整体美观；项目注重节能、节水等技术应用，特别采用海绵城市建设，集中回收雨水用于小区绿化浇灌和路面冲洗，降低业主居民的公共公摊用水能耗。建议：持续和不断提升物业服务的专业化，人性化服务水平；注重项目整体的节能、节水等方面的日常监测和统计分析，通过技术应用减轻业主的公共能耗负担。

4. 安全、耐久性能

该项目建筑结构设计50年，抗震设防烈度7度，建筑耐火等级地上、地下均为一级，屋面防水等级一级，地下室种植屋面防水等级一级，地下室侧墙、底板防水等级二级，设备用房防水等级一级，2019年5月24日竣工验收备案。该工程外檐色泽一致，线角顺直，空调外挂机基本入位，室内墙面、地面、天棚平整，门窗开启灵活，管道安装顺直，电气运行正常，电梯运行平稳、停层准确，总体工程质量好。建议：楼梯中暗门较多，要明示其用途；室内木地板应整体铺装，减少过口；设备间配电柜上方有喷淋和管道通过的防淋防溅罩；穿越不同的防火区域管道应预埋套管，并用防火材料封堵。

四、天津市格调林泉苑

（一）项目概况

该项目由天津泰达建设集团有限公司建设（以下简称泰达建设），泰达建设主要从事区域开发建设，业务范围涵盖商品住宅、商业综合体、工业厂房、公寓等多种业态。该公司打造的泰达园系列、风荷园系列、格调系列等精品项目享誉津门，建设项目获得社会各界广泛好评。格调系列住宅是泰达建设旗下打造的精品住宅系列，自2003年起秉承"诚信、创新、精品"的理念陆续打造了十个社区，均成为区域标杆项目。项目位于天津经济技术开发区，小区南至第一大街，西至洞庭路，北侧为国家税务总局天津市滨海新区税务局，东侧为翠园西路。楼盘由14栋住宅、5栋配建及一个地下车库组成。用地面积4.06万平方米，总建筑面积10.58万平方米，容积率2.0。

（二）项目特点

1. 造型新颖

立面造型为现代中式风格，在格栅、连廊等部位采用中式"卍"字格、冰裂纹等中式元素进行装饰。在控制造价的前提下，丰富立面造型，并形成鲜明独特的社区风格。对中式建筑进行再次地深入探索，建筑造型完美诠释新中式建筑的精髓。

2. 布局合理

项目采用北高南低、西高东低的建筑布局，最大可能保证住户的日照时长，同时形成丰富的天际线关系。所有楼座均为板式设计，产品类型包括高层、洋房和配套商业。8栋三层或四层的洋房缓和了高层压抑感，弥补同一产品类型空间转换上缺憾的同时，营造项目整体错落有致与婉转的层次。通过南入户、北入户的手法，将住宅划分为多个小空间组团组合，形成独特的归属感。

3. 景观设计优美

小区景观以水流作为核心脉络穿梭于不同的院落之间，现代简洁的镜面水景，泉水跃动的自然流瀑，灵动蜿蜒的枯山旱溪，不同形态的水韵在庭园的不同区域呈现为个性鲜明的景观气质，又在院落的过渡中巧妙衔接，让现代中式风格建筑与自然神韵在相互交融中呈现意境幽远的情怀。

4. 以质量为首

结构以方案优化、结构安全、经济合理为原则，从多方面优化每一步设计工作。场地特征周期取值根据内插法取得特征周期的准确数据，使结构计算更合理精确，同时节约开发成本。

5. 项目安保完善

小区通信系统中电话、电视电缆由市政外网引入。各住户三网入户，户内设智能弱电集中布线箱，住宅起居厅、卧室、书房等设置通信网络插座，各户内设置楼宇对讲、被动式红外幕帘、报警按钮、可燃气体报警等。小区内室外设置闭路电视监控、周界电子巡更系统。

(三)项目图片(图4-4-1~图4-4-10)

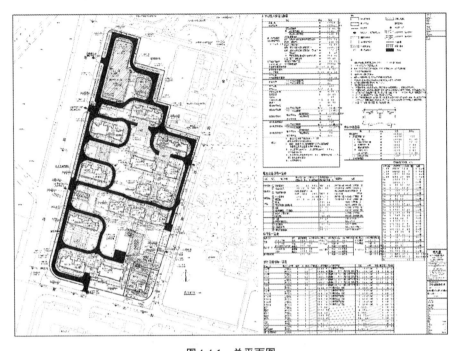

图4-4-1 总平面图

图4-4-2 鸟瞰图

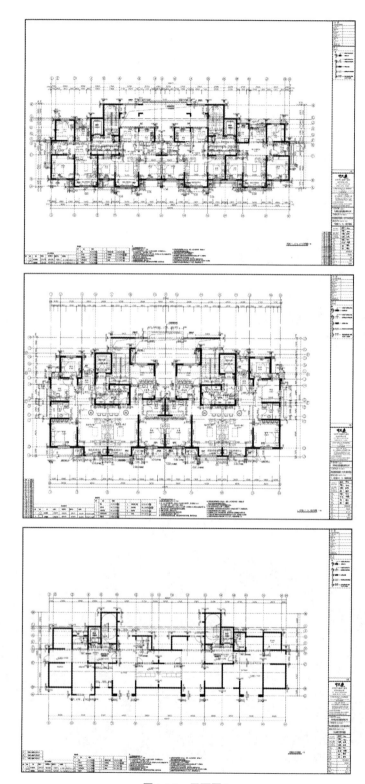

图 4-4-3　平面图 1

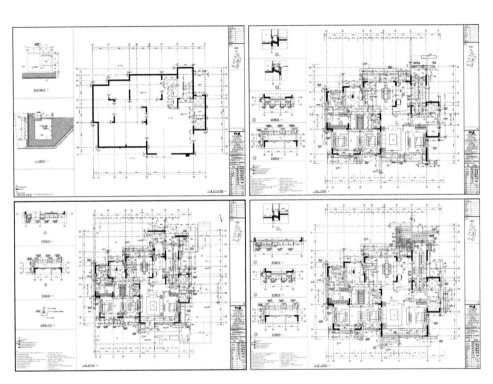

图 4-4-4 平面图 2

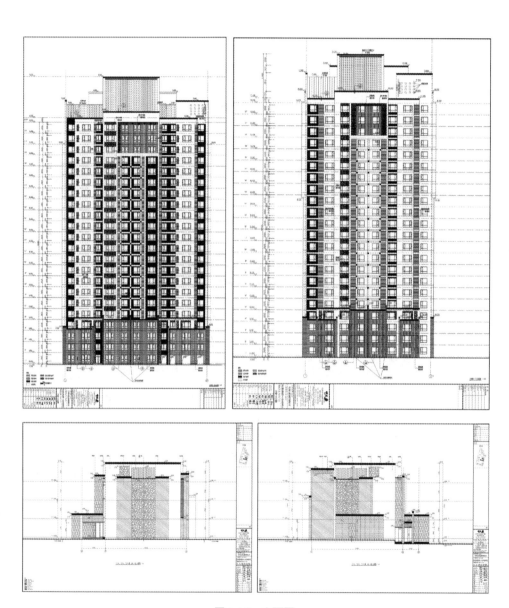

图 4-4-5 立面图

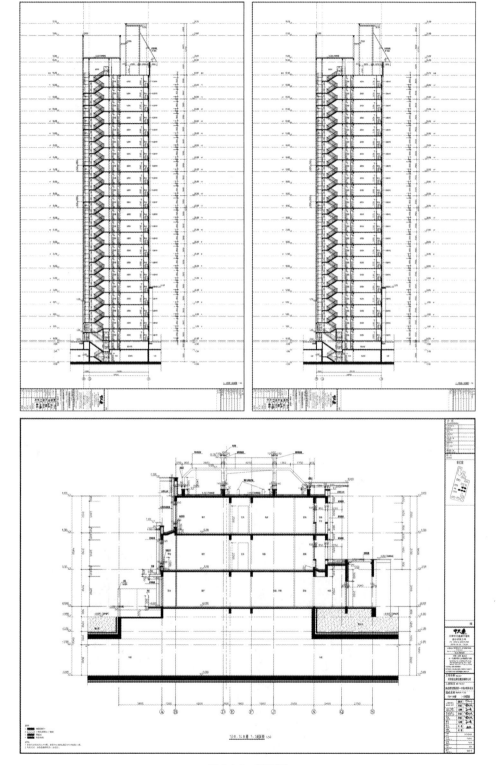

图 4-4-6 剖面图

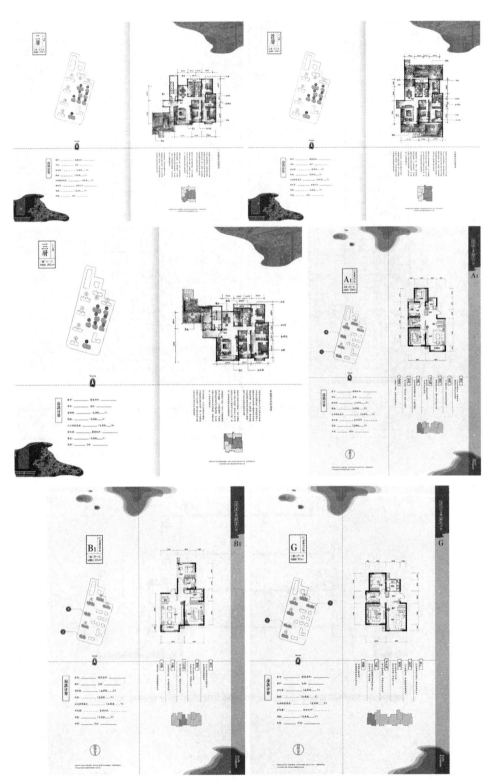

图 4-4-7 户型图 1

图 4-4-8 户型图 2

图 4-4-9　实景图 1

图 4-4-10　实景图 2

(四)专家评审意见摘要

1. 适用性能

该项目位于滨海新区,地理位置优越,住宅有高层和低层洋房两类(洋房占比5.8%),充分利用地形地貌,高低配合协调。住宅平面布局合理,功能齐全,户型面积适中,符合当地的生活习俗和市场需求。设备设施齐全,运行良好。住宅采用中式风格,突出了品质特点和优势,与中式庭院风格统一。建议:住宅的施工细部质量可比对园林施工质量进一步改进;无障碍设计可更便捷;应加强全装修的工作。

2. 环境性能

格调林泉苑位于天津经济技术开发区,南侧为第一大街,西侧是洞庭路,东侧是街区道路翠园西路,周边有不少于两条公交车线路及站点,在建的Z4线地铁路过本项目。格调林泉苑周边有国际学校与高尔夫球场,国际购物中心等多种城市生活服务设施,为本项目居民生活提供了生活保障以及休闲娱乐、教育等服务能力。格调林泉苑采用传统园林文化的基本观念,结合项目住宅规划本身形成一组多姿多彩的户外景观园林环境,为居民提供了户外休闲娱乐以及传统文化的体验,现场(踏勘)检查效果良好。格调林泉苑住宅以高层住宅为主,并结合环境设计的主题观念,采用了具有传统文化特色的外立面,与环境园林形成一组互相映衬的建筑组群,并在城市景观中具有明显的标志性。建议:进一步加强社区消防通道、消防车停靠场地的管理,做到通行有效,停靠方便,回转顺畅,并应指出相关道路、场地的用途等;建议进一步加强社区无障碍通行的系统化建设,至少保证有一条观景的通道可使残障轮椅等通行,为方便残疾人户外活动提供条件;建议进一步加强社区安全通行的管理,凡户外台阶、水景沿岸均应设警示标识,确保户外活动的安全;建议进一步加强社区减灾避灾的管理,利用户外绿地开辟避难场所。

3. 经济性能

该项目位于天津经济技术开发区,属于天津滨海新区境内,该项目是天津泰达格调系列中比较精良案例,特别是中式环保智能化的建筑风格,使该项目在天津开发区的所有建筑开发的民宅中受到广大市民追捧,特别是中式园林的环境设计、园林景观的立体化放置与设计,给人总体感觉是以人为本,舒适节能。这些年的建筑设计理念重新打造,使中国的传统设计理念得到良好的发挥，该项目的经济发展前景良好，生活配套较好，周边公路、铁路、学校、医院等生活设施较完备。天津泰达建设开发的"格调系列"中的"格调林泉苑"，在天津滨海新区，标新立异，使"建筑融入风景""建筑成为风景"，城市建设得到了新的更新和体现，获得了良好的口碑，也创造了很大的经济效益与社会效益。

整体项目评价：立意标新，项目优良，智能化程度很高，特别是一期项目未来经济指标良好，经济发展远景规划很好，充分体现人文、休闲、环境、健康的理念创造新的社区。

4.安全、耐久性能

该项目建筑结构设计50年，抗震设防烈度7度，建筑耐火等级19层及以上一级，19层以下二级，地下耐火等级一级。屋面防水高层一级，多层二级，地下室防水等级二级，地下设备用房防水等级一级。2018年10月24日竣工验收备案，2018年10月26日交付使用。该工程外檐色泽一致，线角顺直美观，室内墙面、地面、天棚平整，阴阳角顺直，门窗开启灵活，电气运行正常，管道安装顺直牢固，电梯运行平稳，停层准确，总体质量好。建议：上下屋面爬梯要符合防攀爬要求；首层大堂地面要满足防滑要求；穿越不同防火区域的管道应预埋套管，并用防火材料封堵；设备用房配电柜上方有管道通过的加防淋防溅罩；汽车通道内墙宜采用外墙做法，现场有起皮脱落现象；汽车行车道建议采用摩擦系数较高的面层。

五、哈尔滨市华润凯旋门

（一）项目概况

哈尔滨市华润凯旋门由华润置地有限公司（以下简称华润置地）进行开发建设，华润置地旨在将"华润凯旋门"打造成集居住、办公、商业于一体的城市综合体，满足城市居民的生活需求与精神需求。项目总占地面积为68788.57平方米，总建筑面积为231006.8平方米，2017年9月30日，凯旋门一期完美交付，顺利通过各项竣工验收，成功实现一次交房率100%。

(二)项目特点

1. 地理位置优越

项目位于哈西中心区位,位于哈西公路客运站和哈西火车站的南侧,周边商业有哈西万达广场,红博西城红场和金爵万象;学校方面自身规划有使用面积约2000平方米配套幼儿园及哈尔滨市继红小学哈西校区;同时周边金融设施有中国银行、建设银行、光大银行、浦发银行、龙江银行等,办理各种金融业务也很方便;医院方面项目3.5公里范围内有解放军211医院、医大二院、医大一院群力分院。

2. 整体布局合理

整体规划设计10栋高层、1所幼儿园及2栋商业。按照住区规模,合理确定规划分级,功能结构清晰,住宅建筑密度控制适当,保持合理的住区用地平衡,远离污染源。空间布局满足日照和通风的要求,层次与序列清晰,尺度恰当。

3. 设计风格鲜明

整体建筑风格为新古典,新古典风格从简单到繁杂、从整体到局部,精雕细琢,每处细节都给人一丝不苟的印象。一方面可以很强烈地感受传统的历史痕迹与浑厚的文化底蕴,同时又摒弃了过于复杂的肌理和装饰,简化了线条。建筑立面以新古典为基调,将经典的古典构图与现代的装饰手法相结合,重新定义住宅区建筑的文化艺术。通过立面设计手法的创新,在传统立面材料的基础上,达到了全新的立面效果,创造出了全新的现代居住区整体形象。

4. 系统的景观规划

绿化设计以一心、两轴、三园为设计理念。一心:为小区内的中心景观空间;二轴:为小区的景观东西轴与景观南北轴;三园:是运用大开大合的优美弧线,营造富有意境、自然舒适的公园式景观空间。小区组团绿地中包括花木草坪、座椅、儿童设施、健身路径等。植物种类按绿地面积和功能需要作适当配置。树种选择丰富,重点突出其景观和遮阴功效。

5. 施工质量保证

以安全文明施工为基础,以质量控制为核心,坚持高标准、严要求、抓全过程、抓预防为主,以质量保安全,以质量促工程进度,创优质样板工程,各项质量指标达到或超过国家和部颁标准。单位工程合格率100%;分项工程合格率100%。杜绝重大质量事故,控制一般质量事故。

(三)项目图片(图4-5-1~图4-5-10)

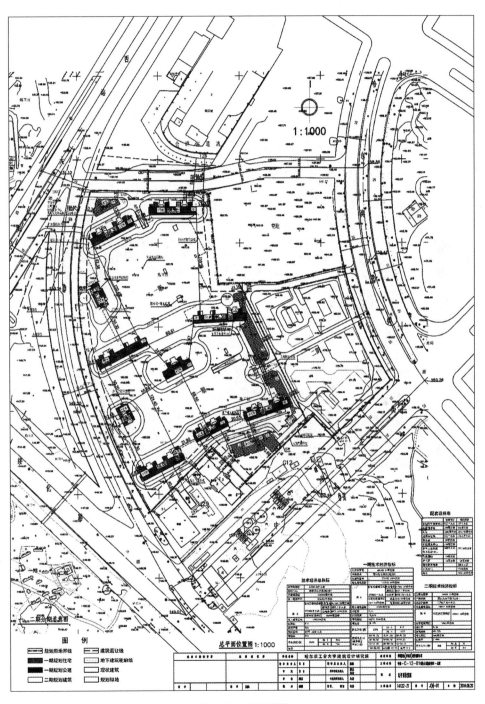

图4-5-1 总平面图

图 4-5-2　鸟瞰图

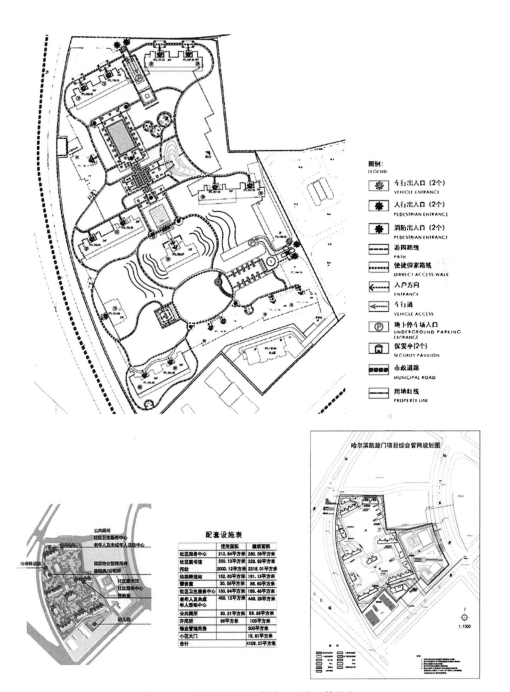

图4-5-3 规划分析图（道路、公建、管线）

图 4-5-4 绿地配置与绿化系统图

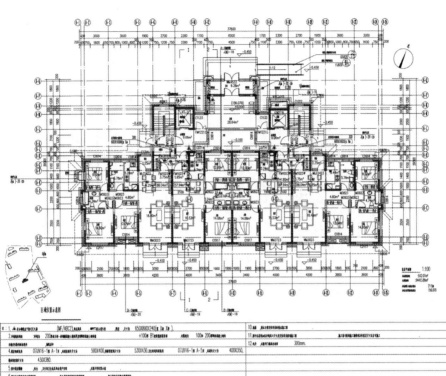

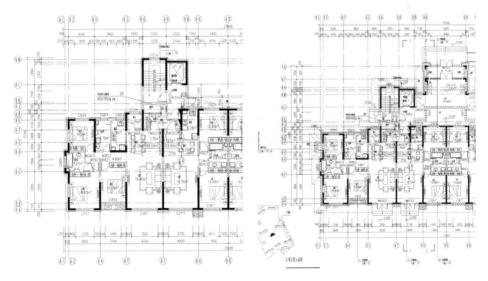

图 4-5-5 平面图

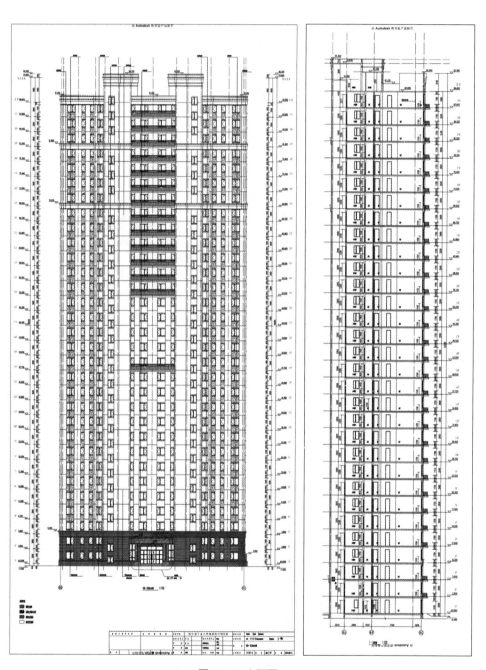

图 4-5-6 立面图

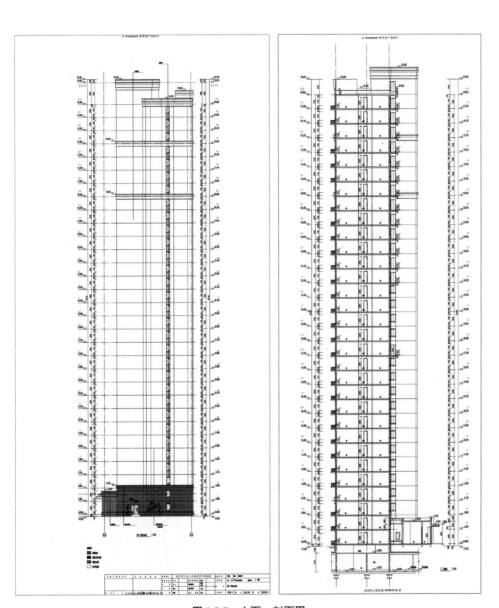

图 4-5-7 立面、剖面图

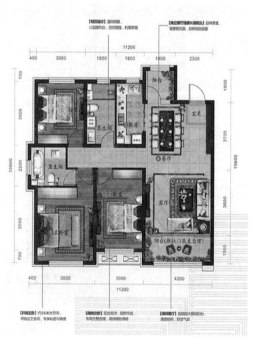

图 4-5-8　户型图

图 4-5-9　实景图 1

图 4-5-10　实景图 2

(四)专家评审意见摘要

1.适用性能

项目高层住宅的平面组合紧凑,套内联系方便,空间尺度合理,面积利用率高。功能分区明确,互不干扰。主要房间日照、采光、通风及视野条件良好。每户配电回路数≥6回路,插座数量及位置设置满足规定。住宅小区市政配套齐全,供暖、给水、排水、燃气管道均已经配置到位并投入使用,消防设施安装完毕已经通过了消防部门的验收。住宅室内供暖、给水、排水、燃气、消防、通风设施均安装完毕并且已经投入使用。小区设备设施已经被行政主管部门验收合格。住宅小区供暖、给水、排水、燃气、消防、通风设施满足住区内住户人们生活舒适的要求。注意电梯相互备用,否则候梯时间延长,不方便生活;连廊有视线干扰,次卧采光不佳。

2.环境性能

规划理念先进,规划结合场地特征灵活布局。规划结构清晰,大楼间距布置住宅,有利于绿化景观及为室外活动创造有利条件。住宅满足日照通风要求,视野开阔,无视线干扰。道路架构清晰,顺畅,人车分流,道路满足消防应急要求,停车达标。小区绿地率高,树种多样,景观开放,富有变化,户外活动场地多样。建筑造型简洁,精致,典雅。智能化系统较齐全,光纤到户。

3.经济性能

采用节能光源,公共部位采用节能控制措施。采用混凝土空心砌块,取代黏土砖。采用高性能混凝土,高强钢筋,粗直径钢筋连接技术、清水模板、新型脚手架。采用混凝土废块铺路等。建议:小景观照明采用太阳能;尽可能利用雨水做景观水。

4.安全、耐久性能

风雪荷载50年一遇设计。地基基础、抗震措施满足现行规范。工程质量满足要求(验收合格)。现场察勘未发现受力构件缺陷。现场察勘未发现明显质量缺陷。厨房、空调插座回路采用4平方毫米铜线,配电系统保护齐全,消防、防雷等符合规范。

六、蚌埠市荣盛华府一期

（一）项目概况

荣盛华府一期项目位于蚌埠市龙子湖区，南临南湖路，东临环湖西路，西临宏业南路，北接龙湾路。地块被东西向20米宽的丽水街分成南北两个地块。项目地块紧邻龙子湖西侧，距蚌埠市政府约11公里，距离蚌埠站、城市中心约4.5公里，距离蚌埠南站（汽车站）4.2公里，地理位置优越，交通便捷，环境优美。项目占地3.2万平方米，容积率小于1.6。地块主要布置低层、多层和高层住宅，着重打造宏业南路和环湖西路景观带。地块本着"打造宜居小区"的理念，力求达到打造和谐社区、共享品质生活的完美追求。

（二）项目特点

1. 地理位置优越

蚌埠荣盛华府项目严苛选址于国家4A级风景旅游区龙子湖的优越地段，推窗而至840万平方米湖山盛景，坐拥滨湖政务区高端市政配套，联动恒大影城、绿地缤纷荟及瀚林商业街等形成三大高端商圈组团。紧邻市政府、博物馆、音乐厅、5A级风景旅游区湖上升明月等配套周边环伺，呈现珠城人文福地。配置恒温地暖以及新城实验学校优质教育资源。

2. 设计风格突出

本项目以完美体现新时代气息为设计宗旨，在多层次建筑形态中体现与时俱进，采用全新的建筑工艺，建筑的色彩以米黄为主，辅以深灰、土黄点缀，色调宁静而幽远，简洁而不简单，色彩耐人寻味并能很好地与环境融为一体。使建筑的外立面更具现代的韵味，人文景观与自然景观互为补充、相得益彰，色彩的对比与调和十分完美。

3. 景观规划合理

本项目的内庭中心区塑造了怡人的院落和亲水平台景观，多彩的小区景观绿化带，衔接龙子湖城市生态区的空间景观，小区绿化组团富有层次感，几乎做到步移景异效果。在保证人车分流的前提下，每栋都被立体绿化组团掩映。从低到高，有平整的草坪，低矮的花灌木，以及高大的乔木。即使在地表，也不单只有草坪，还施种各种地被植物，结合着微地形的起伏体现多层次、园林式自然生态，给人以茂密葱郁、生机盎然的视觉享受。

4. 新技术、新能源的运用

本项目高层洋房3层以上采用米色御彩石，空调板采用幕墙同色御彩石，别墅3层采用米色御彩石，通过对比分析，御彩石具备超强耐候和自洁功能，仿石材效果达到95%，且无色差。小区建设秉持着绿色低碳环保的设计理念，大力推广太阳能等可再生能源的使用，在保证居民安居舒适的生活的情况之下，降低碳排放；同时积极采用人脸识别门禁、恒温地暖、优级电子围栏等16项新技术，切实提高居民生活水平与生活质量。

（三）项目图片（图4-6-1～图4-6-11）

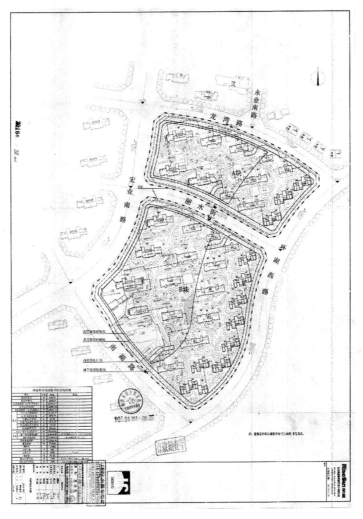

图4-6-1　总平面图

图 4-6-2 效果图

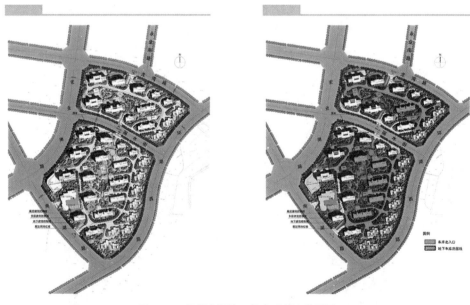

图 4-6-3 规划(绿地、停车系统)分析图

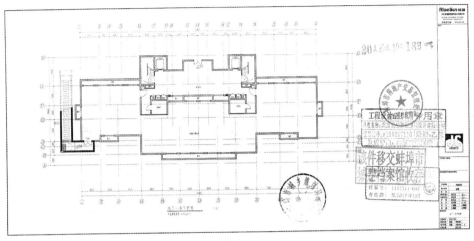

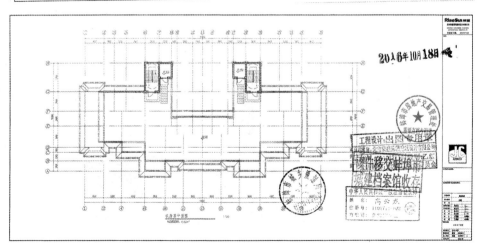

图 4-6-4 平面图 1

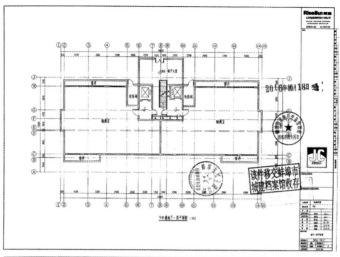
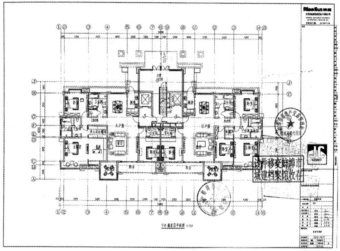
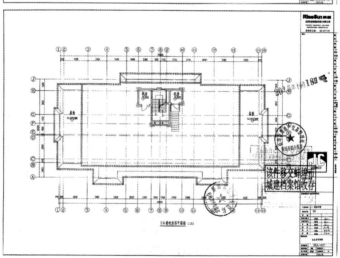

图 4-6-5　平面图 2

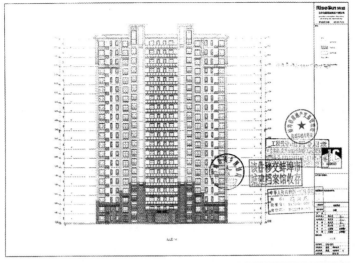
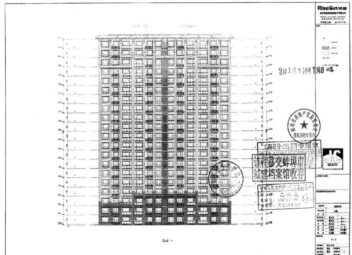
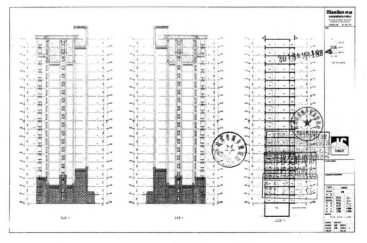

图 4-6-6 立面与剖面图 1

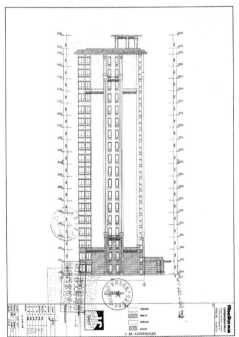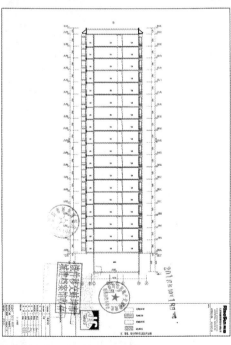

图 4-6-7　立面与剖面图 2

图 4-6-8　户型图 1

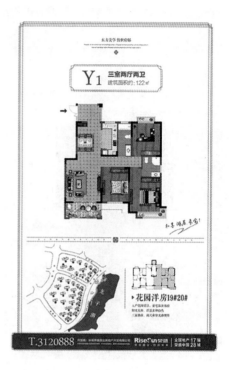

图 4-6-9　户型图 2

图 4-6-10　实景图 1

图 4-6-11　实景图 2

(四)专家评审意见摘要

1. 适用性能

项目位于龙子湖西侧(龙子湖为4A级风景区,湖水面积约为3个杭州西湖面积,居住环境非常优越)。项目定位是荣盛集团最高端产品华府系列。建筑景观设计与施工水平很高。住宅单元面积布局合理,楼栋南向布置,户户朝南,小进深且南向面宽较大,居住品质较高,大部分单元楼梯、电梯厅自然采光。住宅户型设计合理,部分户型采用了电梯入户。客人专用卫生间等设计,提升了住宅的私密性和舒适度。住宅采用了断桥铝合金外窗,高档隔声防火入户门。住宅安装了户式燃气壁挂炉、地暖系统。有效地提升了住宅的舒适度,地暖垫层也提升了楼板隔声性能。住宅设置了户式太阳能热水系统,集热板、储水罐等设施布局合理。公共区域采用天然石材装修,地库单元入口采用精装提升舒适度。建筑外立面采用新中式风格,比例匀称,细部丰富,色彩明快,施工精细,效果较好。建议:开发企业协调组织精装修企业,为业主提供不同风格、档次装修施工套餐。

2. 环境性能

项目位于蚌埠市龙子湖西岸,自然环境优越,其东端有湖西路,北对龙湾路,西有宏业南路,南有南湖路,总体交通环境良好,居民生活环境相对方便。结合地形特点,采用南北向住宅布置,采光通风相对良好,根据所提供的材料显示其消防及其日照均通过了当地的相关部门的验收。采用内环人流游行道路结构,交通相对简捷。并采用中心集地中心布置形成步行景观绿都。其多层住宅4栋,高层住宅5栋,低层住宅2栋,空间变换多样,高低搭配丰富。景观园林设计空间丰富,绿化种植观赏与实用相结合,节点丰富,环境整体优良。建议:进一步加强机动车(消防车)通行、停靠、回车的管理,保证通行的有效性与及时性,并应考虑救护车等紧急就近停靠的需要;进一步加强标识体系建设及完善,凡易坠物、易滑落、易堵塞的地方设立警示标识,明确功能作用,保证安全;进一步加强社区居民就近购物、教育、医疗、体育、娱乐的需求,提供居民日常基本生活设施;建议进一步加强居民户外活动场地的舒适性,适当增加遮阴效果明显的乔木,提高居民场地活动的吸引力。

3. 经济性能

项目在节能方面:经现场检查、查阅资料,该项目按节能综合指标计算,符合《安徽省居住建筑节能设计标准》J11810—2011 DB 34/1466—2011的节能要求。该项目采用了平行板式家用电太阳能热水系统、LED公共照明节能灯具。节水：小区采用了节水器具，雨水循环系统，节约资源。节地：该项目地下空间利用充分，供水消防设备设施均在地下，项目采用了采光井侧向通风，有利于节能。节材：该项目注重节材和新技术应用，采用了人脸识别门禁等16项新技术，提升住宅的品质。建议：在新的项目中，在节能绿色、高质量发展方面进一步加强。

4. 安全、耐久性能

该项目建筑结构设计50年，抗震设防烈度七度，建筑耐火等级地上一级，地下室部分二级，地下车库耐火等级一级，屋面防水等级一级，地下室防水等级二级，地下室设备用房防水等级一级。2018年9月19日通过竣工验收备案。该工程施工精心组织，精心施工，外墙色泽一致，线角顺直，室内墙面、地面、天棚平整，阳台角及洞口方正，电气运行正常，分支清晰，管道安装顺直，门、窗开启灵活，总体工程质量好。建议：小区水景观水深超过600毫米超标，改变岸边环境，需要做安全防护；屋面施工很规整，但还有提升空间。雨落管出水口水篦子应改为活动篦子；公共区域、设备用房地面应为防滑地面；采暖地面原浆一次成型好，但应在剪力集中区做分割；地下通风管道吊架增加防晃动支架；穿越不同防火区域管道应预埋套管并用防火材料封堵；配电柜有管道通过和喷淋，应加装防淋防溅罩；飘窗、落地窗加装栏杆，符合要求。但为了提高住宅品质，减少栏杆安装；厕所间应采用同层排水。

七、涡阳市邦泰·壹号院

（一）项目概况

涡阳市邦泰·壹号院项目由安徽邦泰控股集团有限公司开发建设。该集团始创于1997年，经过23年的发展，安徽邦泰控股集团现已发展成为以房地产开发业务为核心，覆盖大健康、酒店运营、国际贸易、建筑工程、物业服务、纺织等多个领域的复合型产业集群。在集团发展的同时，始终不忘自己的社会责任，诚信经营、积极投身慈善与公益事业，赢得了当地社会的广泛认同，2017年被安徽省房地产商会评为安徽十大公益捐助房企的第五名。

项目整体占地约84亩，总建筑面积达14万平方米，建筑密度19.12%，容积率2.0，绿地率35%。超大楼间距，配备涡阳首家2300平方米业主私人会所，车位配比1∶1，地上140个，地下856个；物业类型为10栋11层电梯洋房，7栋17、18层高层，共计952套，面积区间103～139平方米；洋房1梯2户，高层2梯4户。

（二）项目特点

1. 地理位置优越

项目坐落在涡阳城南新区核心地段，位于育英路与石弓山路交汇处，项目周边商业配套完善，青牛广场、旺角广场、九龙城，是未来城南重要商圈之一，尊享城南核心商圈；西临谷水路，乐行幼儿园、雪枫中学等优质教育资源丰富；东面一路之隔是育英河，两边沿河公园依河道延伸，景致优美；项目东边政府还规划了五馆两中心，是休闲、健身、娱乐、办公的理想去处；项目南侧还规划了两所阳光医院，为住户的健康增添一份保障。

2. 建筑设计风格鲜明

该项目是涡阳首个新中式建筑风格的小区，小区整体规划尊享中国传统建筑设计理念，以两门三道、六堂三坊进行楼栋与内部道路布局。建筑体块间关系明确，形式简洁，外立面材质为暖色系，用材色彩典雅，凸显现代高品质生活所要的居所的特性。

3. 规划设计合理

涡阳壹号院的规划结构南北分区，南侧布置低层洋房住宅，北侧布置高层住宅。所有楼栋正南正北设计，呈南低北高走势，超大楼间距，每栋房屋错开布局，最大化保证每一户的采光和通风。楼间距最大达到70米，私密性强。在户型设计上采用大开间设计，以起居室为中心，动静分离、居寝分离、洁污分离。室内布局舒适，设计尽可能地减少向起居室开启的门洞数量，增强其空间的完整性。走道简短，减少交通面积，提高面积的使用率和舒适程度。户型设计适应现代生活方式，做到明厅、明厨、明厕、明走道、明卧室，强调良好的自然通风与采光效果。配备超大景观阳台，享受广阔视野。

4. 景观设计别致

以一条景观主轴串联多个景观节点为特点，南秀北雄，背山面水，领略极致之美。一条景观轴贯穿南北，其间通过建筑的错落形成一个个开敞的共享空间，使其景观有缩有放，真正让人感觉步移景异。一条景观主轴是小区的神韵所在，原先散落的建筑，似乎恰如其分地被串起。小区沿街部分采用透空型围墙，将小区内部景观与外部景观联系在一起，相互映衬。

（三）项目图片（图4-7-1～图4-7-13）

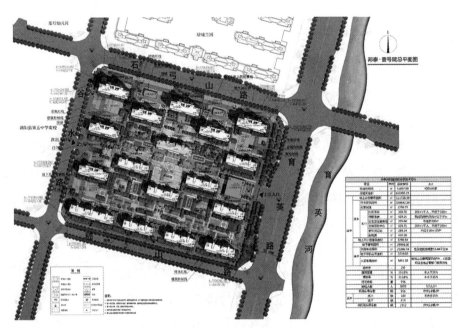

图4-7-1　总平面图

图4-7-2　鸟瞰图

图 4-7-3　组团透视图

图 4-7-4　高层透视图

图 4-7-5 服务中心透视图

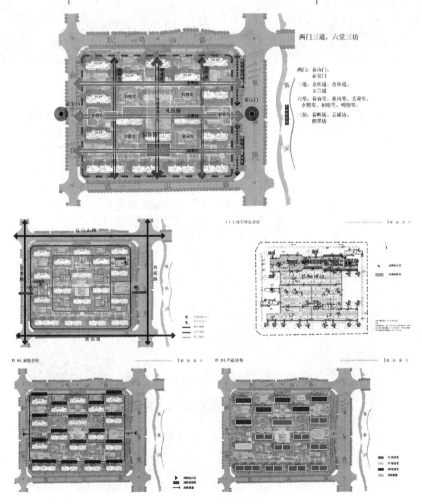

图 4-7-6 规划分析图

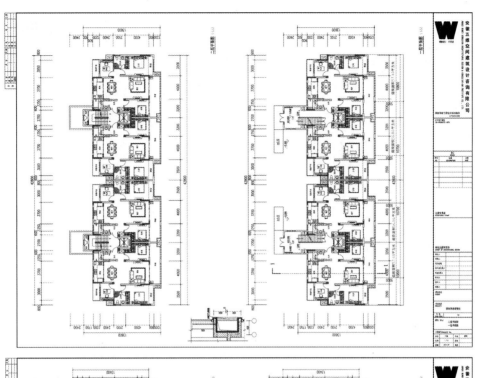
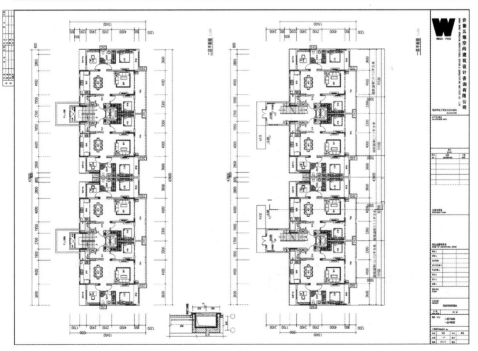

图 4-7-7 平面图 1

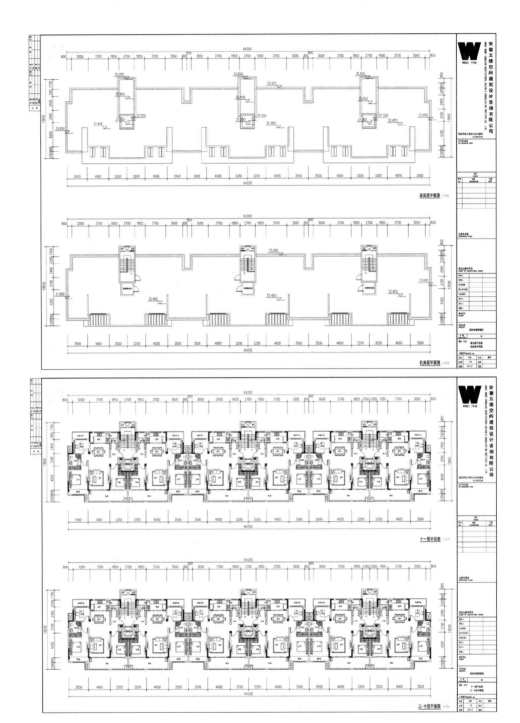

图4-7-8 平面图2

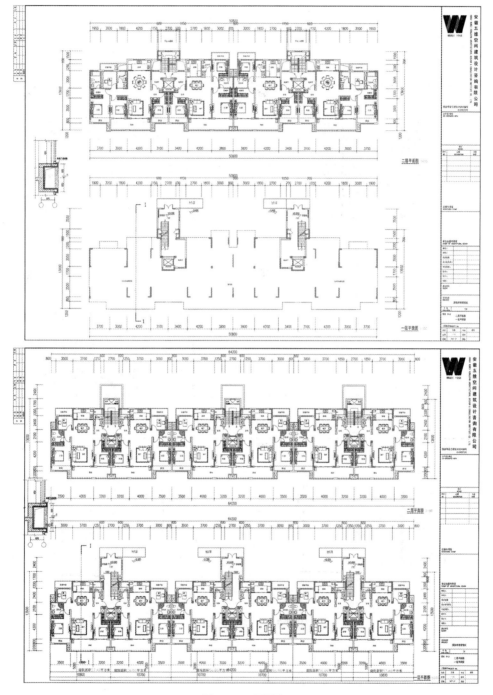

图 4-7-9　平面图 3

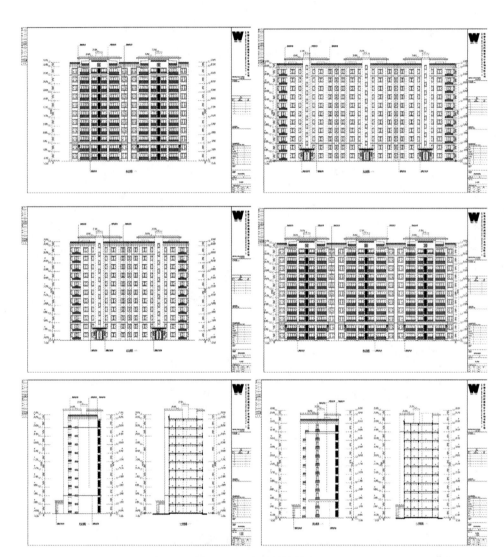

图4-7-10 立面剖面图1

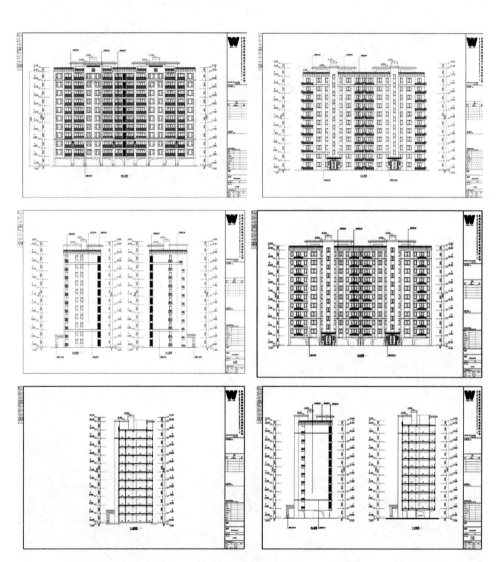

图 4-7-11　立面剖面图 2

图4-7-12 实景图1

图 4-7-13　实景图 2

（四）专家评审意见摘要

1. 适用性能

住宅单元平面布局合理，所有户型坐北朝南，内部功能关系紧凑，所有户型内部达到明厨明卫且没有过深的平面凹口。套内空间形状合理，玄关、客厅、厨房、卫生间、卧室、收纳空间等位置合理，空间比例恰当舒适。电梯采用刷卡入户管理方式，提升安全和私密性。立面采用新中式风格，比例匀称，色彩明快，细部较精致，对住宅封闭阳台采用统一管理。提供菜单式服务，指定施工企业，整体控制最终实施。色彩、窗扇分隔等效果值得肯定。建筑单元入口，首层住户私家花园、栏杆等设计、施工精细，与整体园林景观相得益彰。开发企业为业主提供精装菜单式服务，提供不同装修风格的施工服务，并被部分业主采纳。建议：未来开发项目中采用断桥铝合金外窗型材，平开内侧窗开启扇；未来开发项目中卫生间采用降板同层排水系统。

2. 环境性能

项目交通条件良好，居民出行方便。项目周边有涡阳雪枫中学、涡阳第一中学、乐行幼儿园南园、涡阳县第四小学、涡阳县城关五小新校区等教育设施，有涡阳县人民医院等医疗设施，周边还有集中商业设施及德和公园，总体城市服务设施齐备，满足居民购物、教育、医疗、休闲娱乐的需求。

建筑布局采用南北向错落方式，住宅采光、通风条件良好，根据所提供的资料显示，其消防、日照均已通过当地相关部门的验收，已交付使用一年。景观环境设计采用主题式分区布置方式，并结合涡阳文化特点，吸取了传统思想理念，形成了有不用理念的景观特色区，丰富了景观环境内容。采用部分住宅底层架空方式为居民提供了风雨户外活动场所。活动内容丰富，方便居民到达。活动场地舒适性明显提高。绿植相对丰富，绿量相对丰实，植物成分相对较好。并设有垃圾分类用房、老年人活动室等生活辅助设施。建议：进一步加强机动车车道特别是消防车道的管理，保证其通行的有效性，以及满足救护车、搬家车临时就近停靠的要求和及时性；进一步加强户外道路、场地铺面的防滑管理，提高活动舒适性；建议进一步加强户外人行道路、活动场地的遮阴性能，提高户外活动舒适性；进一步加强社区标识体系的建设与完善，凡易坠物、易触电、易碰撞场区设置警示标识，提高户外环境的安全性；建议进一步加强海绵社区的建设与完善，力争做到景观水采用全雨水回收利用。

3.经济性能

节能方面：经现场检查，查阅资料，该项目满足《安徽省居住建筑节能设计标准》J11810—2011 DB 34/1466—2011 5.0.2条强制要求，进行了节能综合指标评价，符合节能标准要求。小区采用太阳能等节能技术，水泵、电梯变频调速技术，有益于节能。节水方面：小区采用了雨水回渗措施及节水器具。节地方面：该项目地下空间利用充分，消防、供水等设备设施均设在地下，在设计上采用了采光井、侧排风技术有利于通风和节能。节材方面：项目采用了煤矸石空心砖、高强钢筋、直螺纹技术节约材料。建议：在未来项目开发建设中进一步提升绿色发展理念，产业化技术在项目中广泛采用。

4.安全、耐久性能

该项目建筑结构50年，抗震设防烈度七度，建筑耐火等级地上二级，地下一级。地下室防水等级为二级，设备用房防水等级为一级，屋面防水一级。2020年1月20日通过竣工验收备案。该工程精心组织，精心施工，外墙真石漆色泽一致，线角顺直，室内墙面、地面、天棚平整。门窗开启灵活，外窗安装防坠落链。电气运行正常、分支清晰，管道安装平直，电梯运行平稳，停层准确，总体工程质量优良。建议：屋面水落管落水口加水簸箕；电梯前室及公共区域设备用房宜采用防滑地面；屋内地面原浆压实做得很好，但在剪力集中区应做分割；木地板地面铺装避免小于板长四分之一的碎块；地下通风管道吊架缺少防晃动支架；设备用房配电柜上有管道通过，加防淋防溅罩；给水泵房穿越不同防火区域管道应预埋套管并用防火材料封堵；采光井、汽车坡道内墙应按外墙做法；室内飘窗、落地窗因安全防护要求安装栏杆符合要求，但为了提高住宅的品质，减少栏杆安装；厕浴间宜降板采用同层排水。

八、长治市山西三建华苑东区

（一）项目概况

山西华盛苑房地产开发有限公司成立于2002年，隶属山西三建集团有限公司（以下简称山西三建），属于山西省建设厅批准的二级房地产开发资质企业。十余年的不断发展，共开发17个项目，累计开发面积84.77万平方米，共投资136540万元。公司始终发扬集团公司"诚与信为本、优与效至上"的企业精神，在踏实经营的基础上，坚持诚信开发，勇于创新。山西三建华苑东区3号—10号住宅楼及地下车库项目是一个集景观、商业服务网点、地下车库、公寓楼、室外休闲娱乐设施为一体的花园式小高层住宅小区。工程总造价为20683万元。总规划用地面积为22693.45平方米，建筑总面积88787.25平方米，其中住宅建筑面积57172.53平方米，地下建筑总面积31614.72平方米，总户数401户，总停车位413辆。包括8栋住宅楼。住宅工程为框架—剪力墙结构。

(二)项目特点

1. 规划定位较高

规划设计本着打造现代住宅区的基本理念，充分利用其地理优势，力图打造一个高品质、综合性、现代化的居住小区，为城市树立新形象，为地区经济进一步繁荣与发展注入新活力、开辟新空间。规划中体现"道路通畅、设施共享、生态宜居、特色鲜明、私密性好"的规划理念，将项目区域打造成为一个环境良好、服务高效、功能完备、设施完善、高效快捷、安全便捷的生态宜居城区。

2. 建筑设计合理

采用了南北朝向的户型。设计上利用不同的空间过渡划分出客厅、餐厅、卧室、厨房、卫生间等，既可满足居住者待人接物的交往需求，又为个人的生活方式保留了私密性。在具体户型设计中，在保证明厅、明房、明厨的基础上，使客厅与餐厅南北对流，各卧室间南北对流，满足不同家庭高标准的生活模式。同时着重考虑了各户型的朝向、日照、通风、景观以及住宅使用空间的功能流线，力求功能合理，空间丰富，户型灵活多样，力争每家每户拥有良好的景观和朝向，从而为居住者提供舒适、健康和私密的居住场所。立面设计简洁大方、时尚、明快、色彩醒目、地标性强、并富有价值感。采取现代构型原则，化整为零，形成凹凸，并通过阳台、电梯间、开窗及户型平面的切挖来弱化庞大的体积感、丰富立面造型。

3. 景观环境优美

绿化景观注重与建筑结合，体现"以人为尊，融于自然"的设计原则，绿化以实现园林景观和谐流畅，连绵不断的效果。中央绿化在采用丰富手法营造景观的同时，兼顾功能。充分利用园区道路和景观绿地的高差，使植物、山石、叠水等营造层次错落的立体景观。组团绿化，强调绿化均好性，以实现随时随地畅享园林盛景。

4.绿色低碳原则

在建筑材料的选用上采用新型材料,照明设施的选用以及能源的利用方式上,尽可能地采用节能设施和利用新型能源,在保证安全舒适使用的情况下,采用高强钢筋应用技术、大直径钢筋直螺纹连接技术、清水混凝土模板技术、工程量自动计算技术、管道综合布置技术、建筑信息模型(BIM)技术等设计施工新技术,实现项目经济节约与节能环保。

(三)项目图片(图4-8-1~图4-8-11)

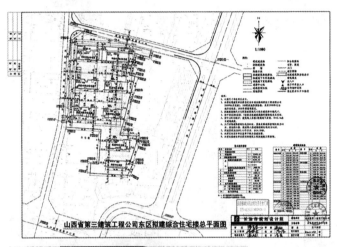

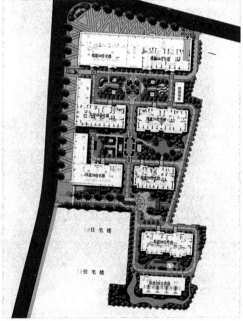

图4-8-1 总平面图

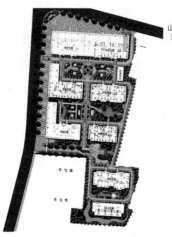
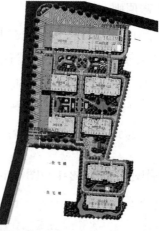
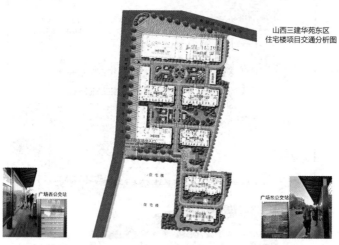

图 4-8-2　规划（景观、功能分区、道路）分析图

图 4-8-3　鸟瞰图

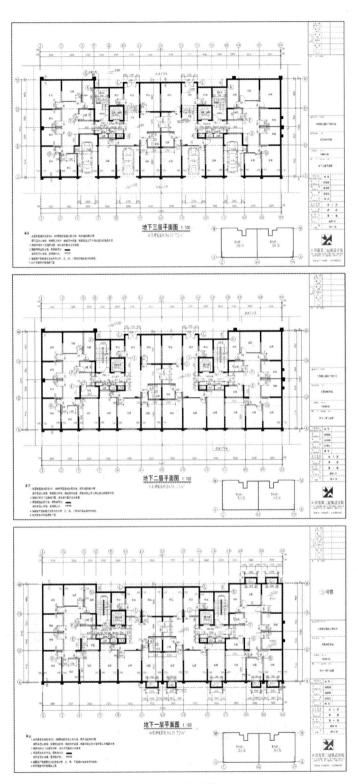

图 4-8-4 平面图 1

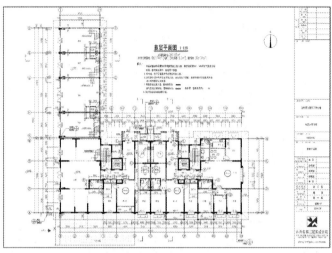
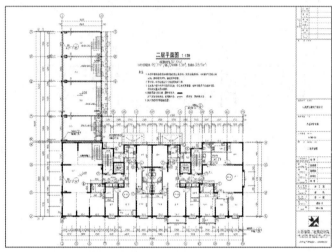
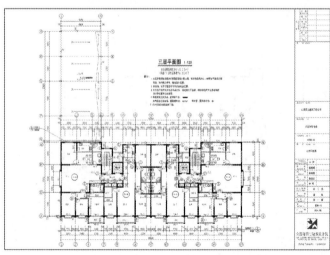

图 4-8-5　平面图 2

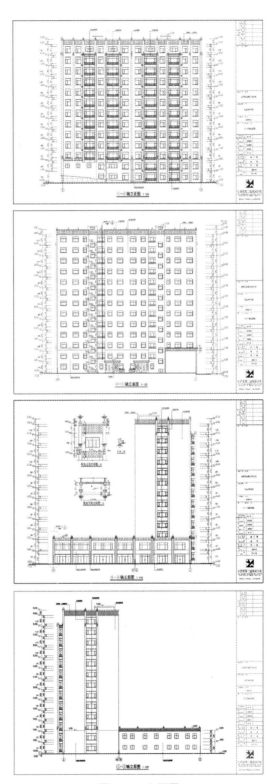

图 4-8-6 立面图

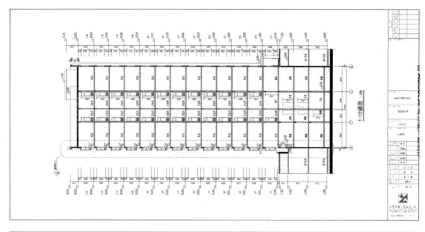
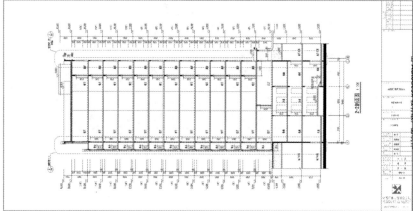
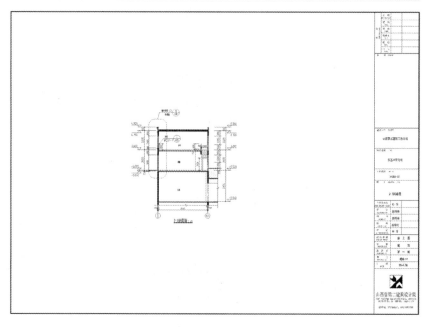

图 4-8-7 剖面图

图 4-8-8　户型图 1

图 4-8-9　户型图 2

图 4-8-10 实景图 1

图 4-8-11　实景图 2

（四）专家评审意见摘要

1. 适用性能

项目位于城市的建成区，周边基础设施完备，生活条件便利。住宅套型平面设计合理，公摊面积紧凑，功能分区明确，面积标准多样，符合当地的生活习惯和市场需求。立面设计简洁大方，色彩协调。设备设施完备且运营维护良好。利用地下室每户设置有小仓库，为居民提供了方便。利用屋顶配置了太阳能热水系统，提升了住宅品质。建议：向更高标准的"广厦奖"标杆项目学习，在小区环境、智能化等方面提升。

2. 环境性能

规划总体布局合理，配套设施完善，空间组织有序，出入口布置及交通组织规范合理，小区人车分流，各项指标满足城市规划的要求。建筑造型简洁大方；住宅采用南北朝向的户型，在保证明厅、明房、明厨的基础上，使客厅与餐厅南北对流，各卧室间南北通透，满足住户舒适的生活模式。绿化充分利用园区道路和景观绿地的高差，使植物、山石、叠水等营造层次错落的立体景观；小区绿地率达30%。设有老人、儿童活动设施；环境设计体现"以人为尊，融于自然"的设计原则；长治市是山西省首批全国文明城市，生态宜居：水体与排水系统布置合理：公共服务设施配套齐全；智能化系统健全。建议：今后再建项目可考虑增设游泳馆或游泳池、设置体育场馆或健身房，考虑在墙面、平台、屋顶和阳台等部位进行绿化。

3. 经济性能

该项目在围护结构、采暖系统、照明系统、给水排水等方面采取有效措施，达到65%节能标准。项目合理利用土地，采用新工艺、新技术，利用可再生材料。建议建筑物外窗采用遮阳措施，减少能耗。部分公建利用地下空间，采用中水利用及雨水回渗措施。

4. 安全、耐久性能

结构安全：结构工程设计、施工程序符合国家相关规定，荷载等级设计、抗震设防符合规范要求，结构施工质量验收合格。地基基础满足承载力和稳定性要求，地基变形已进入稳定状态，沉降速率小于0.01～0.04毫米/天。结构外观未发现影响结构安全的变形裂缝等质量缺陷。建筑防火：耐火等级设计为地下一级地上二级，室外消防道路符合防火规范规定。消火栓箱标识、防火门设置及功能符合规范要求。燃气及电气设备安全：燃气管道安装位置及排风措施到位，配电系统电气设备的保护措施到位、电气分部已验收合格，电梯运行平稳、停层准确。日常安全防范措施：防盗门、电子楼门防盗系统设置有效，屋面、楼梯栏杆高度及杆间距离、外窗防坠落措施符合规范要求。室内污染物控制：室内污染物含量检测结果符合国家标准规定。

结构设计耐久性措施符合设计使用年限50年的要求。结构实体抽样检测符合规范要求。现场抽查未发现围护结构裂缝等质量缺陷。装修工程进行了验收并合格，现场抽查未明显发现装修面起皮、空鼓、裂缝、变色、过大变形和脱落等现象。屋面、卫生间防水设计寿命不低于25年，地下室不低于50年，防水工程进行了蓄水检验，组织了验收并合格。现场抽查未发现卫生间渗漏和地下人防墙面、地面渗水现象。

管线防护层外观质量合格，自来水水质较好，管线、设备安装质量均进行了验收并合格，设备运行正常。门窗已按照规范进行了验收并合格。现场抽查未发现门窗翘曲、损坏、关闭不严，开启不顺畅，五金件锈蚀等现象。改进建议：屋面面砖保护层，在四周墙面根部未留置伸缩缝，中间伸缩缝宽度较窄；8号楼东大玻璃接缝打胶不够严密；电梯间设备门下口无踢脚板，门口四周不交圈；地下室人防地面局部裂缝，墙面局部空裂；小设备用房地面平整度有待提升；监控楼二层休息平台栏杆下部应设挡台。

九、长沙市恒大御景天下一期

（一）项目概况

长沙市恒大御景天下一期项目建设用地位于湖南省长沙市开福区，总规划用地面积约246113.81平方米。项目分四期开发建设，其中一期项目建设用地为97273平方米，项目主要包括高层住宅、多层洋房、地下停车库、沿街商业、幼儿园及综合楼等配套用房。总建筑面积241129.17平方米，住宅建筑面积165395.03平方米，地下停车库66517.29平方米。容积率为1.8。本项目包括6栋高层住宅和28栋多层洋房、2栋二层独立商业，1栋综合楼，1栋幼儿园。项目集人文山水于一体，以85～140平方米墅区高层、100～210平方米花园洋房、亲水豪邸、皇家园林、私家内湖、前庭后院和低密花园，打造湖湘洋房典范。

(二)项目特点

1. 地理位置优越

项目建设用地位于湖南省长沙市开福区,项目用地与开福区政府仅8公里,且两者之间为芙蓉北路,交通优势明显。项目所在地除城市区位好、交通网络纵横之外,背靠72福地之一的鹅羊山,可以近揽鹅羊山3000亩生态公园风光;与湘江只有数步之隔,既可享湘江景观之秀美,又不为江水湿气所影响。于内项目打造30000平方米欧陆风情园林,满园名木繁花层层叠韵,缔造墅级新美学。

2. 规划布局合理

项目主要由高层住宅和多层洋房组成。建筑单体为六栋高层住宅,分别位于基地北侧、中部,住宅沿地块边缘环绕布置,让出中间大面积景观,形成小区高层区的核心。中央绿化景观实现了完全人车分流,优化环境质量,营造了住户安全的户外活动空间。住宅均采用南北向,实现了良好的日照通风,且大部分户型享有良好的中央绿化景观视线。多层洋房区均匀布置在地块中部和南侧,设有单独的院内景观,并通过一条由北向南的水系穿梭其中,既有独享景观,又有共享景观。小区绿地率高达40%。

3. 建筑设计简洁

建筑形象设计中充分考虑恒大的经典造型元素,商业以欧式风格为主,高层住宅主要采用简欧的建筑风格。绿色环保木材、石材等自然材质的运用,以及墙身色彩的配置,使整个小区形象富于变化,实现建筑与自然环境的良好融合。设计中摒弃多余装饰,回归建筑本质,体现住宅与自然的良好关系,让人充分体验回归自然的感觉。在户型设计上,户内分区首先做到居寝分离、洁污分区;其次,每户均考虑最大面积的朝南面;再次,各户都能尽情享用小区内以及周边沿河大堤及藕池河的景观;最后,各户内的内部空间设计从居寝、活动、读书方面考虑动静分离,功能完善。

4. 配套设施完备

小区内建设配套的社区用房、多功能文体活动室、游泳池、儿童戏水池等公共服务设施,可以满足居民生活的多重需求。小区内幼儿园方便小区业主不出小区就近入读。同时考虑环保要求和居民生活保障,在小区楼栋每个单元处布置临时垃圾回收点,由物业公司派专人每天回收。

5. 质量安全保证

本工程住宅为高层和多层住宅，剪力墙结构，结构工程设计满足国家相关规定，且施工质量验收合格，符合备案要求。高层住宅及地下室耐火等级均为一级。燃气管道的安装位置及燃气设备的安装场所符合设计和规范要求。项目采用全钢附着式提升脚手架、铝合金模板、钢筋直螺纹连接技术等施工新技术。项目荣获国家绿色建筑一星级设计认证，19号楼荣获湖南省建设工程"芙蓉奖"，被省级主流媒体评选为湖湘楼市影响力典范楼盘、湖南最佳绿色宜居楼盘。

（三）项目图片（图4-9-1～图4-9-13）

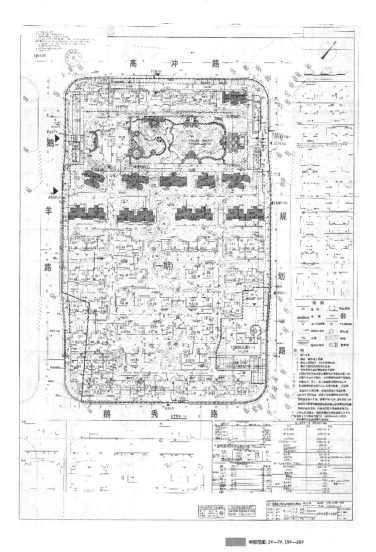

图4-9-1　规划总平面图

图 4-9-2 鸟瞰图

图 4-9-3 透视图 1

图 4-9-4 透视图 2

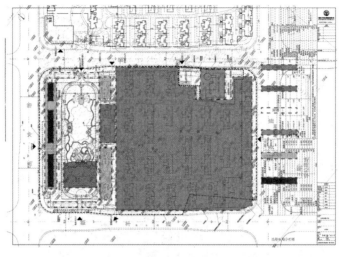
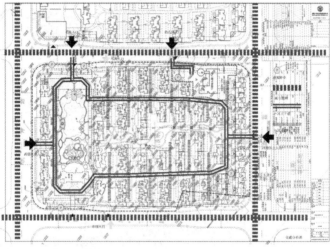
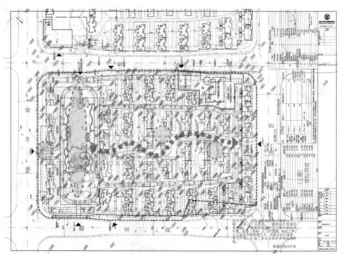

图 4-9-5 规划分析图

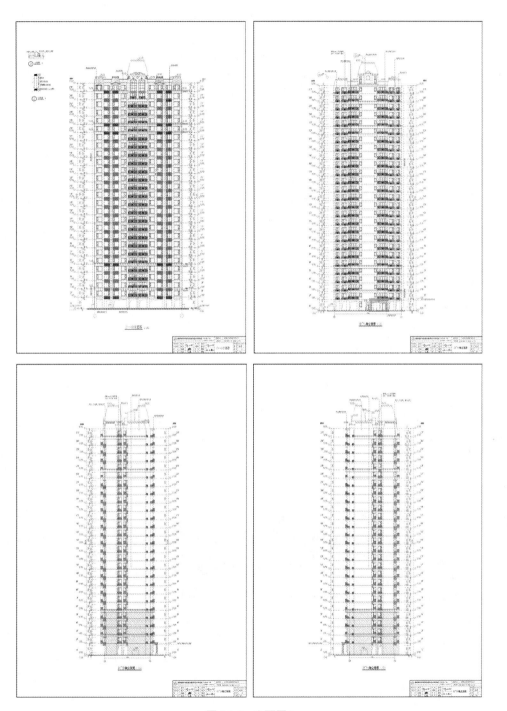

图4-9-6 立面图1

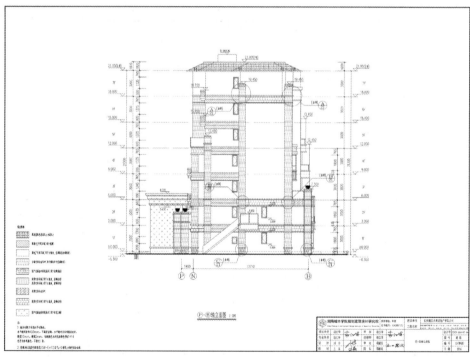

图 4-9-7 立面图 2

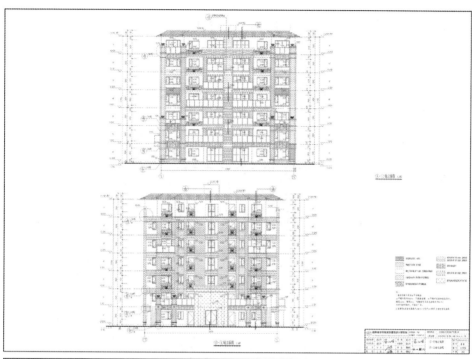
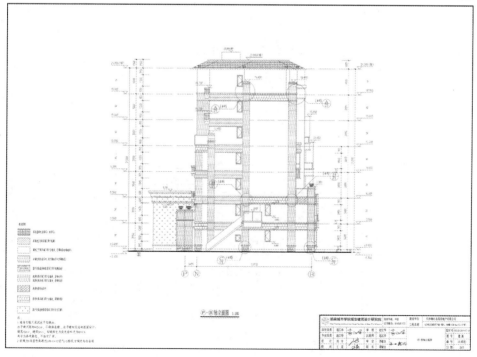

图 4-9-8 立面图 3

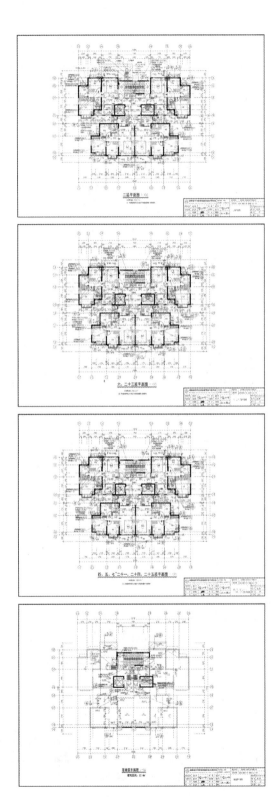

图 4-9-9　平面图 1

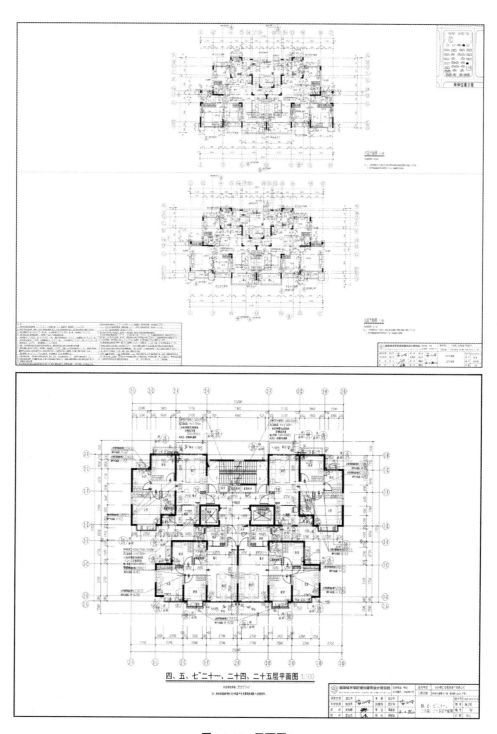

图 4-9-10　平面图 2

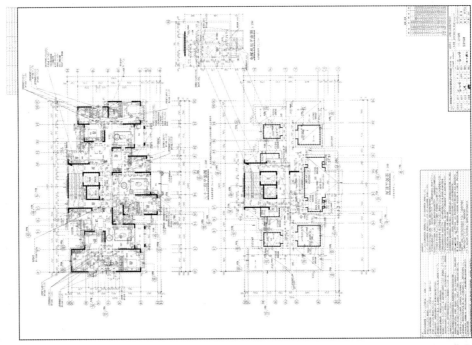
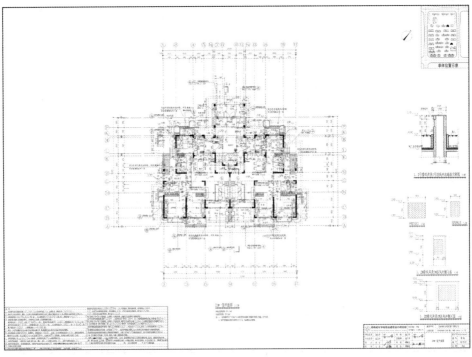

图 4-9-11 平面图 3

图 4-9-12 实景图 1

图 4-9-13　实景图 2

（四）专家评审意见摘要

1. 适用性能

该项目是恒大品牌在长沙的落地项目，体现了品牌的特征，整体效果完好。住宅由高层栋和多层洋房栋组成，品种多样，布局有序，室外环境协调。各类住宅设计规范，功能齐全，分区明确，符合当地的市场需求和居民生活习惯。住宅做到了100%全装修，标准适度，居民拆改现象较少。住宅公共空间考虑到了方便居民生活，利用底层架空设置了服务用房，提升了小区管理品质。会所功能丰富多样，满足了居民不同年龄段的需求。建议：高层住宅外开窗应加强安全管理措施；施工质量可进一步提升。

2. 环境性能

本项目园林景观投入大，效果好，层次感强，植物类型品种丰富，整体环境优美，舒适。交通便利，小区内标识、标牌设置合理、清晰，小区内部通畅。市政设施配置符合要求。小区室外活动空间大，设施全，满足业主的活动需求。小区内水体清洁、卫生、美观，维护好。排水顺畅，无积水。各类服务配套齐全，会所内文体、休闲、活动室布置合理、充分，满足各种年龄层次需求。卫生清洁保持良好，小区整洁、宜居。建议：因绿植较多，在乔木集中区配置一些喜阴的灌木植物；减少临时性管理痕迹，做到管理规范常态化、标准化；垃圾分类箱虽然是小区建成后才做的要求，也应该考虑不在人行道上阻塞人行道，应设置成安全封闭的。

3. 经济性能

建筑物布局良好，采光通风好，绿化水景好，新技术应用好，小区整体运营良好。住宅建筑以南北朝向为主，建筑体形系数符合规定值。利用太阳能，再生能源利用符合要求。采用照明节能型产品。采用雨水回收措施，使用≤6升便器系统，使用节能水龙头，便器水箱配备两档选择等节水措施。地下车位占总数量80%以上，达91.53%、合理利用土地资源，容积率符合规划条件。采用铝合金挡板技术，大直径钢筋螺纹连接技术，钢附着式提升脚手架。建议：加大雨水回收利用率；采用喷灌技术措施进行绿化养护；作为标杆企业应加大新技术应用。

4. 安全、耐久性能

该项目建筑结构合理使用年限50年，抗震设防烈度6度，建筑耐火等级高层耐火等级1级,多层2级,地下室耐火等级1级。屋面防水等级1级,地下室防水等级1级。2018年8月8日通过竣工验收备案。工程总体质量符合评价标准,达到优良。改进建议:屋面雨水篦子应为活动篦子,小屋面水漏管落水口下加水簸箕;楼梯间安全疏散标识,应在距地500毫米区域设置;首层消火栓设置的位置不便于使用;木地板有小于板长四分之一的碎块;地下车库通风管道吊装缺少防晃动的支架;穿越不同的防火区域的管道应先预埋套管并用防火材料封堵;配电室配电柜上方有管道通过,应加装防淋防溅罩;地下室消防管道标识应更加清晰明确;阳台栏板的高度和间距及位于900毫米以下的玻璃栏板,要满足防撞击要求。

十、哈尔滨市宝宇·天邑澜山

(一)项目概况

宝宇·天邑澜山项目由黑龙江宝宇房地产开发集团开发建设,该集团是一家股份制民营企业集团,已发展成为具有一级房地产开发资质,以房地产开发为主业,集房地产开发、建设、物业管理、投资、防水工程、装饰设计等14个配套产业子公司于一体的综合性企业集团。2017年度宝宇·天邑澜湾荣获中国房地产标杆楼盘、中国房地产优秀品牌项目。

该项目占地5.3万平方米,总建面达35万平方米,规划建设10栋18层~39层超高层高端住宅,整体采用围合式布局,主入口设在规划南勋街一侧,分别在其他方位设有人行车行出入口,便于业主出入。采用完全人车分流的方式,全智能化小区管理,保证小区的高端与私密性,同时社区还将规划打造4000平方米的小区内部会所,为业主打造高端休闲生活的社交平台,成为代表城市新贵的高端生活首选。

(二)项目特点

1. 地理位置优越

宝宇·天邑澜山北临宝宇天峰财富圈层标配豪宅区,西临百年中东铁路遗址公园,东临1898中央广场公园,北临10万平方米天峰皇家艺术园林,三公园环绕外围兆麟公园、江畔公园、斯大林公园簇拥,也使宝宇·天邑澜山成为整个规划中,最为静谧、祥和的居住区。天邑澜山紧邻地铁3号线与4号线换乘车站，距2号线兆麟公园站仅800米，名副其实的地铁上盖社区，真正"双地铁换乘，三地铁出行，四十分钟畅达全城"。

2. 教育设施完备

充分保证宝宇业主的一站式教育配套，成功引进代表哈尔滨9年义务最高水准的优势教育资源，继红小学、69中学落户宝宇·天邑澜山，2016年9月份交付使用，成为整个道外板块唯一的优势学区房，而宝宇集团又重金打造了国际双语钢琴幼儿园，保持与国际的同步教学，让孩子从小在高质量的教育与艺术的氛围中快乐成长。

3. 景观资源丰富

以"印象凡尔赛"为园林设计理念，沿袭一期项目龙形水系主景观，融合凡尔赛宫经典元素打造"一带两轴三区"3万平方米皇家艺术水景园林，为业主营造欧式贵族的居住氛围和生活气息。外围街区采用香榭丽舍的铺装方式，整个街区充满异域风情而又整洁美观。外拥繁华风情商街，内蕴皇家园林臻美景观。

4. 建筑设计风格

项目延续一期项目的建筑风格，在满足居住功能的基础上住宅立面采用Art Deco风格：竖向线条、凸显线脚、金属板材等等，使得该居住区在与城市外部空间的对话中获得形象与内涵的统一，创造典雅精致、尊贵豪华的社区氛围。底部采用高档花岗岩石材贴面，中部采用同一色系暖色仿石涂料，顶部为同色弹性防水涂料拉毛，整体色调协调。

5. 感动式物业服务

宝宇·天邑澜山物业依旧由宝宇物业公司担纲服务，确保社区、会所的管理质量，确保小区安全及全方位的服务，利用红外线对射、门磁窗磁等高科技智能化管理技术，给业主创造一个安全、舒服的人居环境。凭借"选择宝宇 幸福一生"的理念，宝宇物业数十年如一日地以创造性"感动式物业"，以感恩、真诚、求实、守信打动着业主。不仅赢得了多项社会奖项与认可，也赢得了宝宇业主们的良好口碑和社会各界无数的赞誉。

(三)项目图片(图4-10-1～图4-10-11)

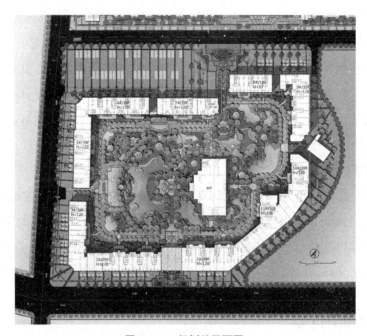

图4-10-1　规划总平面图

图4-10-2　效果图

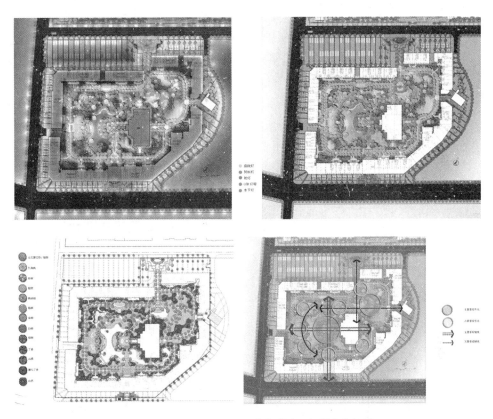

图 4-10-3 规划(植物、绿化、道路、灯具)分析图

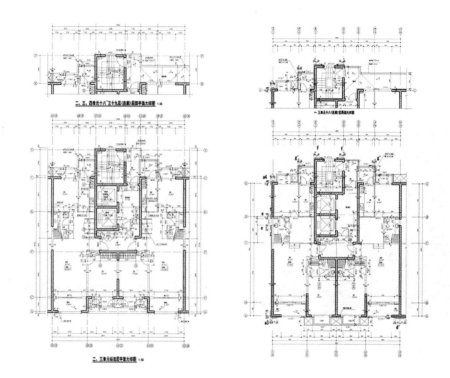
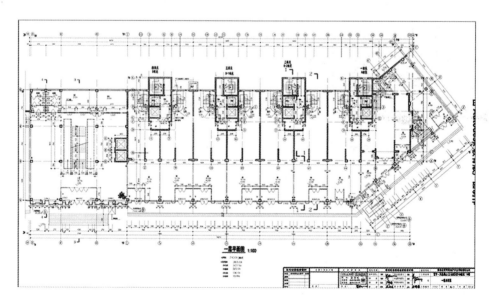

图 4-10-4 平面图 1

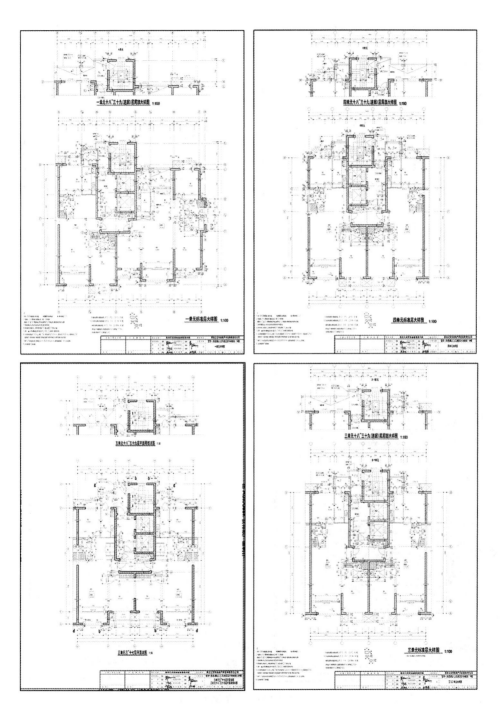

图 4-10-5 平面图 2

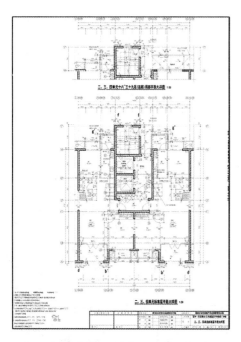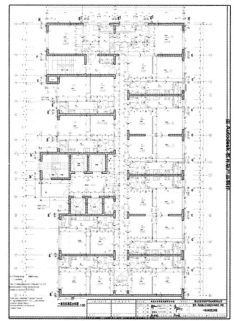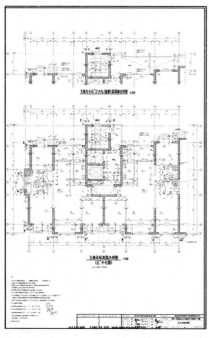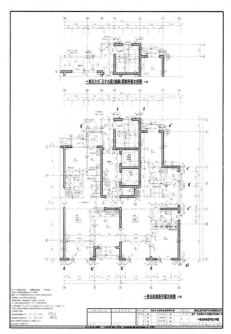

图 4-10-6 平面图 3

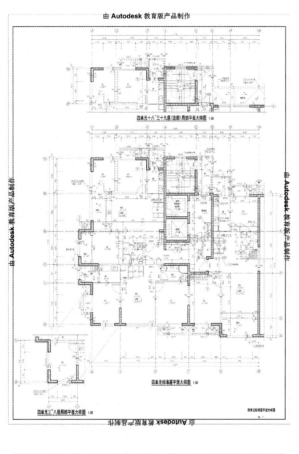

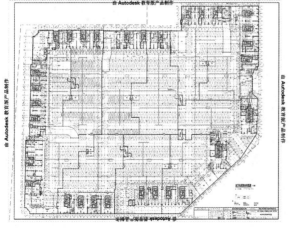
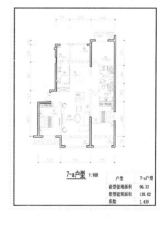

图 4-10-7 平面图 4

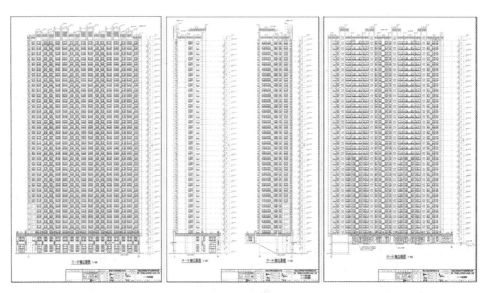

图 4-10-8 立面图 1

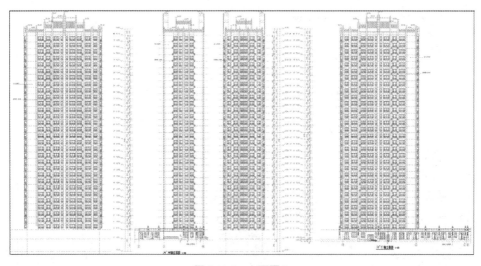

图 4-10-9 立面图 2

图 4-10-10 实景图 1

图 4-10-11　实景图 2

（四）专家评审意见摘要

1.适用性能

住宅套型布置紧凑，交通便捷，功能分区明确，面积利用率高。主要房间的朝向、通风、日照条件良好，视野开阔，创造了一个闹中取静的居住环境。套内餐厨布置紧密，有独立就餐空间，垂直交通符合规范要求。住宅分户回路数5，插座数量与位置符合要求，厨房、卫生间、空调回路采用4平方毫米铜芯线。

2.环境性能

结合用地特征，扬长避短，围绕着中心绿地展开布局，创造优美、特色鲜明的居住环境，规划理念先进。道路架构清晰，人车分流，停车达标，交通系统达到应急要求。内环路服务高效，服务设施齐全。绿化景观精致，层次丰富，树种多样，活动场地丰富，水景有特色。配套齐全，为居民生活、交流、休闲、健身创造便利。建筑造型精致、典雅、挺拔。

住宅小区市政管线配套齐全，并且已经全部开通使用。住宅小区已经通过当地的主管部门建设工程竣工验收合格，建设工程消防验收合格，建设项目环保措施落实及验收达标。供暖采用市政集中供热热源，住宅室内采用地面辐射供暖，分户热量计算；生活给水采用市政供水，住宅小区二次加压变频供水；住宅小区采用雨污分流排放系统；住宅户内厨房、卫生间设有机械排风设施。住宅的设备设施技术成熟，住宅设备设施实用方便舒适。

智能化系统齐全，设有视频监控系统，单元可视对讲系统小区联网，巡更系统、门禁系统、停车场管理系统、电梯五方对讲、有线电视系统、电话网络光纤到户、小区广播等。建议：联网式单元可视对讲系统有紧急呼叫功能，宜在卧室扩展一键式紧急求助按钮；水景应考虑节水措施，同时应注意冬季景观的打造。

3.经济性能

本项目采用的多项技术保证居民的舒适、安全、便利、高效，同时有利于生态节能环保。住宅楼梯间等公共部位采用LED灯，声光控制，小区道路照明采用节能灯。节地：采用陶粒砌块，取代黏土砖。节材：设计与施工采用部分新技术、新材料，如：高强钢筋、高强混凝土、粗直径钢筋连接技术、新型模板等，具有一定的节材效果，经济性能较好。应更多地采用新技术、新材料，如太阳能路灯、可再生材料的采用、建材的回收等。

4. 安全、耐久性能

高层住宅，上部为剪力墙结构，基础采用桩基础。工程的开工与竣工等验收资料齐全，地基基础满足规范要求，抗震设防满足当时的规范要求，现场勘察未发现结构构件有明显缺陷。设计使用年限为50年，满足现行规范要求，现场勘察未发现围护构件有明显的缺陷。配电系统保护设施完善，按规范设置了火灾自动报警系统，防雷设置完善，电缆选型符合规范。

十一、淄博市福园小区

（一）项目概况

淄博市福园小区项目由新东升置业集团进行开发建设，新东升置业集团有限公司成立于2001年6月，具有一级房地产开发资质，位列全市房地产行业第一名，为地方经济发展做出了突出贡献。福园小区作为2016年淄博市最大的棚户区改造项目，通过规划创新和高标准建设，实现了政府、企业、居民各方利益诉求的平衡共赢，破解了棚户区改造老大难问题。2018年6月，福园小区荣获"广厦奖"候选项目。福园小区项目（原齐赛旧居住区、齿轮厂宿舍区棚改项目）总占地面积185亩，共有老旧居民楼47座，1489户，拆迁总建筑面积10.76万平方米，是2016年淄博市最大的棚改项目。项目位于淄博市张店区核心区，南邻商场路，西接世纪路，北靠共青团路，连贯城市的东西南北；市政配套齐全，张店公园、区政务中心、博物馆、购物中心、区实验中学及西六路小学等环绕周边。

（二）项目特点

1. 建筑风格

福园小区立面设计采用现代简约风格，摒弃过于复杂的肌理和装饰，简化线条，兼容时尚现代，追求淳朴、简洁，展现平和而富有内涵的气韵；在强调体积感、挺拔、沉着的基础上，强调时代感和创新性，整个建筑群体高低错落，天际线变化有致，立面上凹凸变化及窗的不同比例，表现了建筑外观变化和丰富的一面，塑造出一个非同凡响的城市界面。

2. 景观布置

福园小区景观秉承现代简洁大气的设计理念，造景手法上采用立体式、多层次庭院式造景手法，园区的每个角落都用心设计和营造，尤其针对社区入口、归家路线、儿童及老年活动场地重点打造，在满足景观性的同时更贴近人性化，让儿童有释放天性的童年，让老人有休憩的场所，让邻里有交流的空间，从而提升了整个园区的生活幸福感。

3. 整体布局

地上总规划24栋住宅楼，其中13栋用于满足还迁房，余7栋住宅楼及4栋创新式住宅用于商业开发。住宅楼和社区商业按照上下分开的活动场地形成平台层的设计，很好地避开了商业对住宅产生的声、光、气味的影响。平台层上方设计天桥，通过天桥的连通将支路两侧的住宅场地连接为一个整体。小区主入口大堂分两处设在小区的西侧及东侧，东入口和西入口的连接巧妙地形成一条小区中轴景观带。小区内部人车分流，并在三条主干路的方向均设置了车库出入口，地下车库通过联通可以在车库内部方便地直通三条主干道，大大地减轻了城市地上的交通压力。

4. 户型设计

项目在新的户型设计理念中，打造全生命周期户型，通过减少室内剪力墙的布置，增大室内使用面积等办法，让户型满足不同家庭结构的需求。保证户型可以随着家庭结构的变化而改变，从单身贵族、新婚之家到二孩时代都可以变换的户型，是可以寄托一生的理想之家。

（三）项目图片（图4-11-1～图4-11-10）

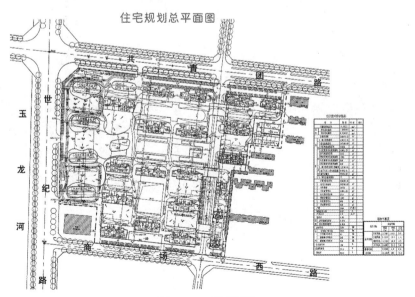

图4-11-1　总平面图

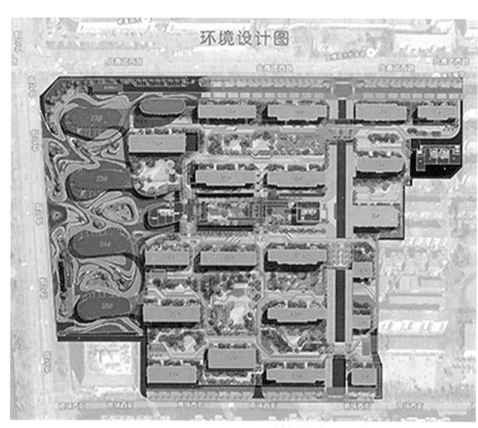

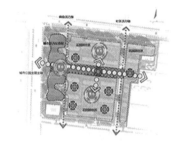
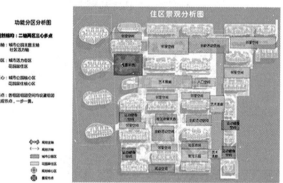

图 4-11-2 规划分析图

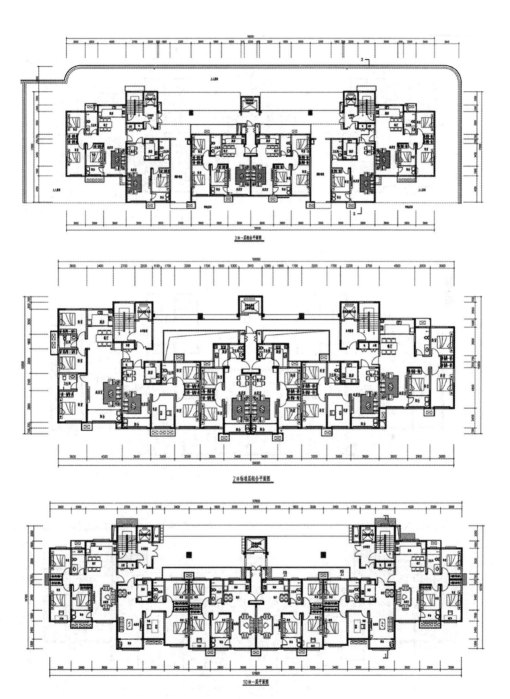

图 4-11-3 平面图 1

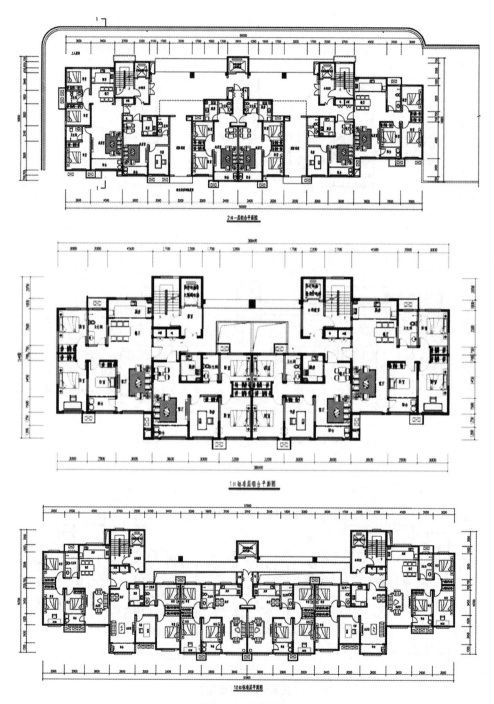

图 4-11-4 平面图 2

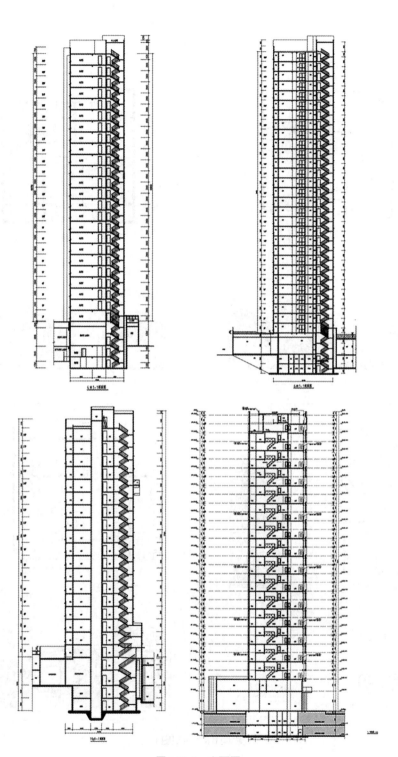

图 4-11-5 立面图

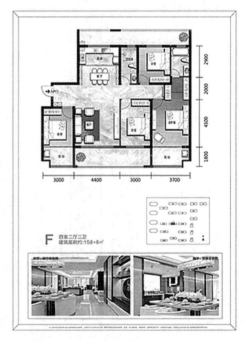

图 4-11-6　户型图 1

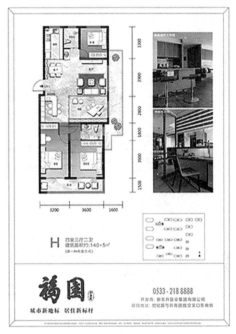

图 4-11-7　户型图 2

图 4-11-8 实景图 1

图 4-11-9　实景图 2

图 4-11-10　实景图 3

（四）专家评审意见摘要

1. 适用性能

新东升福园小区项目是为棚户区改造树立典范。住宅户型90～140平方米为主力户型。板式结构，面宽进深比例适中，通风采光良好，户内功能齐全，面积比例恰当，利用效率较高。分区明确，公共卫生间布局合理，房间面积长宽比例合理，设施设备基本齐全。隔声性能满足规范要求，无障碍设施基本满足要求。改进建议：场地无障碍设施可达性有待完善，部分扶手不足；复核创新式住宅A座疏散方式及距离；注意部分厨房、卫生间上悬内开窗雨水倒流；建筑与消防扑救面之间的树木注意修剪。

2. 环境性能

改进建议：厨房（及北侧房间）采光率宜改善。小区绿化，下沉式绿地实际施行下沉宜加大。消防控制室设于地下一层，宜有专用的对外楼梯（消防专用梯）。楼体顶层有私搭乱建现象。加强监控与巡查。屋面面层宜改整体保护（混凝土）为缸砖或全磁（金刚砖）以增强（延长）屋面防水寿命。开放空间（交往空间）娱乐设施加强，安全设施（防刺、防滑、防坠物、防碰磕、防溺），无障碍设施及细部人性化处理。消防扑救面，扑救场地及与楼梯之间不应种植高大乔木，影响消防。幼儿园服务半径超长。地下车库，从地面到柱子，做到颜色分区、编号分区，以便管理与应用。

3. 经济性能

在节能方面，本项目按65%节能要求、山东省《居住建筑节能设计标准》J12036—2015 DB 37/5026—2014和《民用建筑热工设计规范》GB 50176—2016等进行设计。外墙采用200毫米厚钢筋混凝土+80毫米厚聚苯板保温+50毫米厚混凝土保护层，填充墙采用50毫米厚混凝土保护层+230毫米厚聚苯板+50毫米厚混凝土保护层；采用IPS现浇混凝土剪力墙自保温体系，屋面采用1:6水泥珍珠岩+65毫米厚硬泡聚氨酯保温层，门窗采用隔热断桥铝合金Low-E中空玻璃（5+2A+5+12A+5）。部分楼栋分户墙平均热工特性不满足标准要求，但经权衡计算，能耗指标满足了标准限值要求。采用太阳能提供热水，并与建筑一体化设计。在节水方面采用了雨水回收、回渗措施，考虑了中水利用但未实施，采用了节水型器具。在节地方面：车库、储藏室、消防水池和消防泵房设置在地下。墙体采用了加气混凝土砌块代替黏土砖。在节材方面：采用了一些设计施工新技术，考虑了施工过程中边角料的回收利用，对再生材料的利用缺乏考虑。

4.安全、耐久性能

小区规划合理，理念传统，人车分流，地下空间利用合理，扩展商业内容，街区管理创新，设计与规划创新获过奖项。屋面工程做工精细，外表美观，平整牢固，主体结构与地基基础符合要求，室外设计新颖，施工精细，绿化与景观设计施工较好。未发现渗漏，未接到投诉，用户满意度高，安全耐久基本保障，小区信息化程度较高。建议：儿童活动区充分考虑亲水、戏闹的安全防护；屋面保护层用料宜提升；连廊地面宜提升用料；地库顶板施工时堆载过早问题；垃圾分类场地预留预置；社区服务应多方位、多思路，处处体现以人为本；无障碍设施坡度较大，应加装栏杆。

十二、临沂市奥正诚园

（一）项目简介

奥正诚园南区项目位于临沂市河东区智圣路与利源街交汇处西北角。东至智圣路，西至滨河东路，南至利源街，北至利坊街。项目总占地199240平方米，分两期开发建设，其中A区为一期住宅，B区为二期住宅，商业楼位于开发地块的北侧，紧邻利坊街。奥正诚园建筑面积343200平方米，规划设计合理，布局紧凑。项目为低密社区，规划有6栋四层住宅、47栋花园洋房、10栋沿街商业、1栋幼儿园，项目定位高端，营造"轻奢慢生活"的生活方式。

（二）项目特点

1.地理位置优越

项目总占地面积199240平方米，距离河东区人民医院直线距离约2.5公里；南侧约1公里为杏园小学，2公里为临沂第二十四中学、临沂第二十七中学；智圣路东侧规划为邻里中心大型购物广场；小区配套2万平方米风情商业街。项目占据城市北上东进发展战略的区位优势，拥有沂河上游的临河资源景观，坐拥堤下路运动公园，亲近自然生态，属高档的滨河生态居住板块。

2.总体规划合理

项目抓住与周边紧密衔接的切入点，充分利用基地周边资源，采用因地制宜的布局方式和人性化的结构特征，营造优雅的居住氛围，为居住者提供亲切宜人的空间感受。小区主出入口位于社区北侧，建筑呈对称布置，形成大气磅礴的入口广场空间与景观轴线，整体规划通过建筑的错位布置，围合形成三个较大的小区中央花园及数个组团花园，实现城市景观与小区内部环境同时最佳。

3. 建筑风格鲜明突出

项目在建筑风格，特别是外立面设计上塑造轻奢大宅的感官形象和现代典雅的建筑风格，建筑元素的恰当组合，材料的合理运用，精致的细部处理，共同打造出丰富的视觉效果，彰显简约大气的优雅气质。项目强调细节，于细微处体现品质，简约而不简单。同时，项目强调典雅浪漫，体现出人性化的近人尺度和比例。

4. 景观绿化优美

景观空间规划采用"两纵一横"功能布局。小区中心集中绿地，主要用草地和大树，铺以木石小径，堆土形成缓坡，形成高低对比。将建筑的组团置于绿化之中，以绿化包围建筑也是规划重要的结构性方式。外围绿化由渗透带状绿化、景观坡绿化以及林荫道等组成基本框架。小区绿地率达38.7%。

5. 坚持质量第一

从项目立项之初，开发建设单位便树立高起点、高标准的目标，努力做到规划设计高水平、建筑设计人性化、环境质量好、工程质量优的标准。施工质量符合国家有关质量检验评定标准中优良工程和质量管理条例的要求，施工过程规范，细部处理到位，管理水平一流，施工资料齐全，用户满意度较高。

（三）项目图片（图4-12-1～图4-12-12）

图4-12-1　总平面图

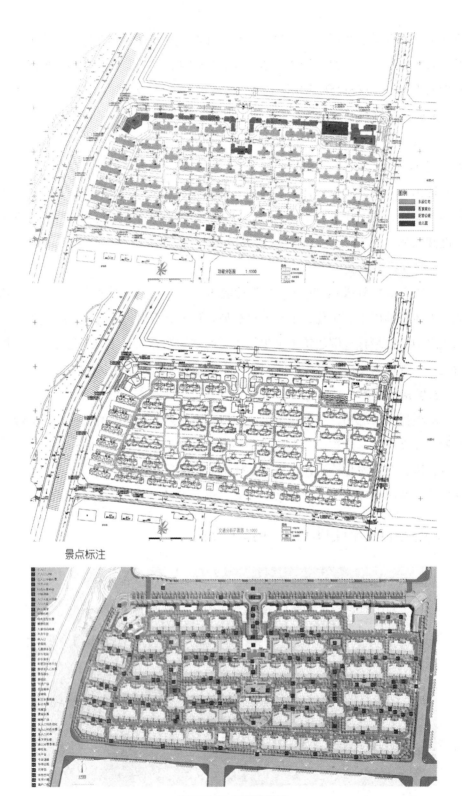

图 4-12-2 规划分析图

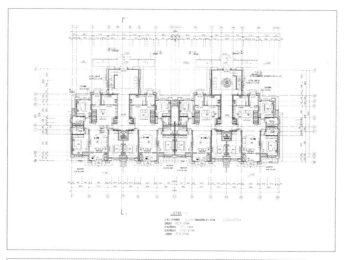

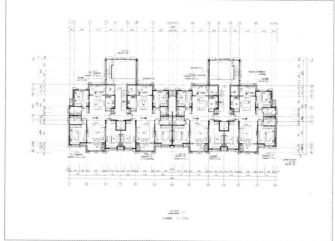

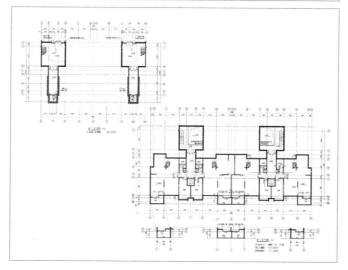

图 4-12-3　平面图 1

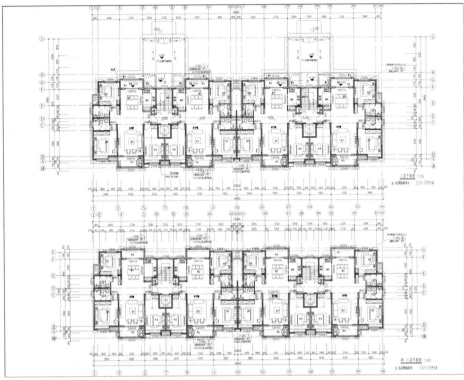
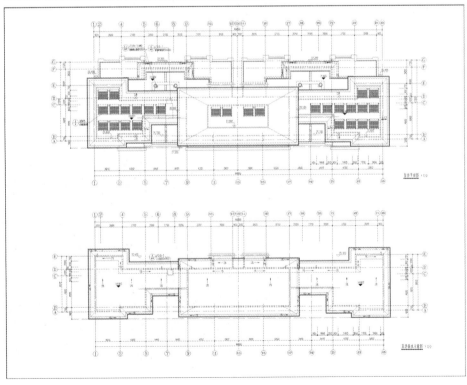

图 4-12-4 平面图 2

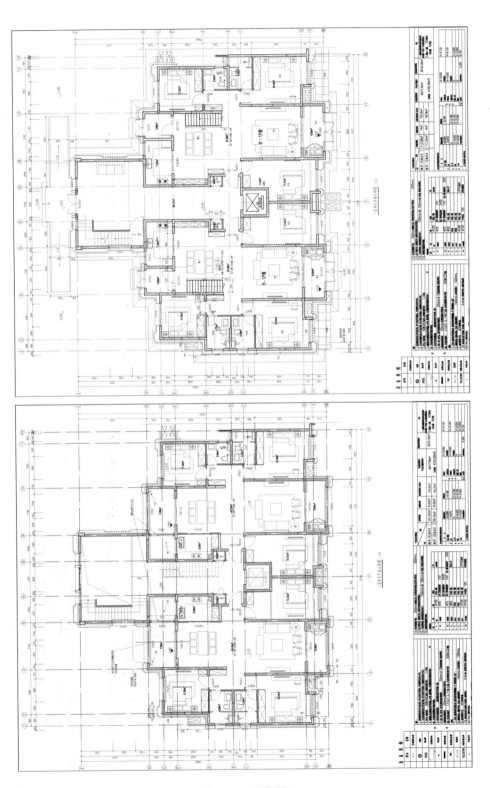

图 4-12-5 平面图 3

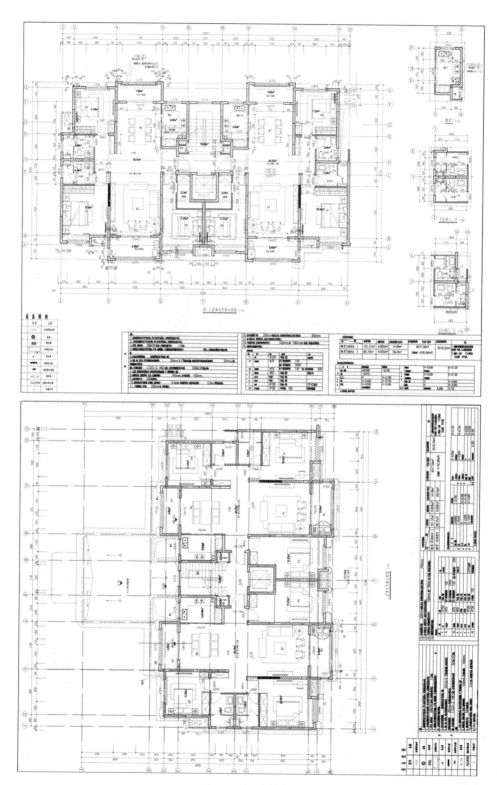

图 4-12-6 平面图 4

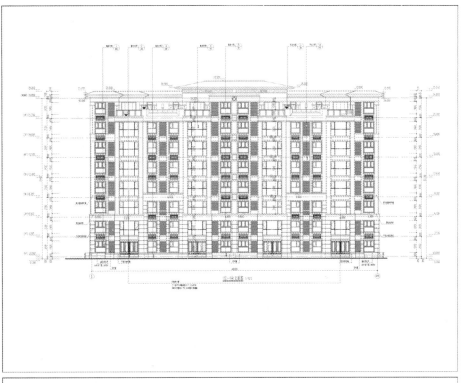
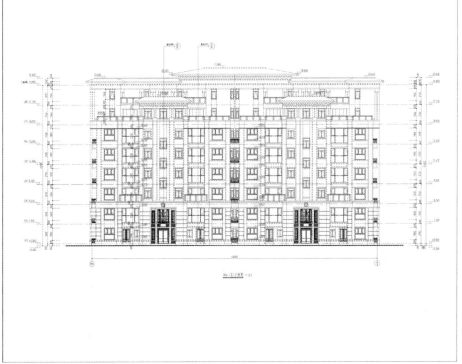

图 4-12-7 立面图

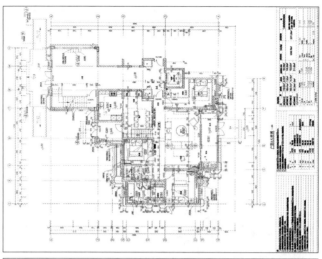
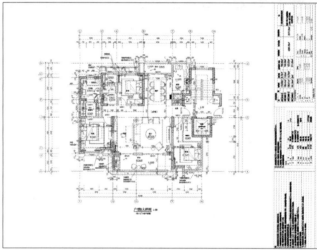
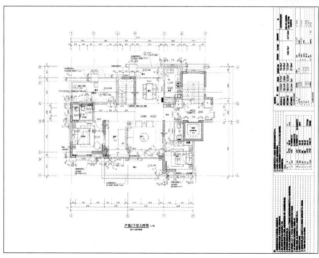

图4-12-8 户型图

图 4-12-9　实景图 1

图 4-12-10　实景图 2

图 4-12-11　实景图 3

图 4-12-12　实景图 4

(四)专家评审意见摘要

1.适用性能

平面布局合理,模数协调和可改造性较好,单元公共空间满足要求。套内公共空间设置与布局基本满足要求。功能空间尺度符合要求。套内装修满足要求。公共部位装修较好。楼板、墙体隔声性能满足要求。管道、设备等采取了减震消声和隔声措施。厨卫设施满足要求。水、暖、电等设备设施基本满足要求。套内无障碍设施满足要求。单元公共区域及住区无障碍设施尚有进一步提升的空间。

2.环境性能

项目以高起点、高标准定位,打造出品质较高的居住空间。整体和谐有序、宜居。建筑空间形态美观雅致,尺度感、色彩等均设计得较好。全地下停车系统,停车率高。为居民提供了方便的交通动线和安静、舒适的室外活动空间。景观园林设计及施工均十分到位,打造出四季有景,穿插参与感强的室外景观空间。小区配套设施齐全,管理体系完善。建议:增加完善小区标识、引导系统。

3.经济性能

在节能方面:本项目按65%节能要求和山东省《居住建筑节能设计标准》J12036—2015 DB 37/5026—2014设计,外墙采用80毫米厚聚苯板保温;外窗采用65系列断桥铝合金中空玻璃窗;屋面采用100毫米厚挤塑聚苯板保温。有太阳能热水器。规定性指标全部符合标准要求。在节水方面:采用了节水器具,有雨水收集和回渗措施,设有中水处理设施。在节地方面:地下停车位占总停车位的90%以上,部分设备间设在地下室。在节材方面:采用了建筑设计施工新技术,利用了施工过程中产生的边角料。

4.安全、耐久性能

该项目建筑结构合理使用年限50年,抗震设防烈度为8度,建筑耐火等级地上二级,地下一级,屋面防水等级一级,地下室防水等级一级,2020年2月26日前通过竣工验收备案。该工程精心组织,精心施工,外檐色泽一致,阴阳角顺直,屋面和地下室采用一级防水,比常规做法提高一个等级,提高工程的耐久性,门窗开启灵活,电气运行正常,分支回路正确,管道安装顺直,电梯运行平稳,停层准确。总体工程质量好。改进建议:屋面烟道做好封闭与导流的工作;楼梯间入室大堂和公共区域宜为防滑地面;个别疏散楼梯应安装扶手;木地板有小于板长1/4的碎块;壁纸的接缝不应该在阴角;穿越不同防火区域的管道应该加套管并用防火材料封堵；地下车库管道缺少防晃动支架；个别汽车入口应设置阻水沟。

十三、临沂市环球金水湾二期

（一）项目概况

该项目由山东儒辰控股集团有限公司（以下称儒辰集团）开发建设，儒辰集团创建于1998年，在临沂、济南设置双总部，坚持多元化品牌战略，现已有员工3000多人，拥有40余家子公司，总资产约300亿元，年利税约25亿元。拥有"儒辰地产""儒辰康养""儒辰物业"三大品牌，集建筑安装、智能安防等业务为一体的全方位、综合性多产业集团。儒辰地产拥有国家一级开发资质，被中国房地产业协会授信为"AAA级信用企业"，位列中国房地产企业百强、中国物业服务百强。项目占地面积370余亩。以白马河路为界分为东、西两个区域，共计规划有洋房、小高层、高层三种业态60栋住宅楼、1所幼儿园、2处地下会所，总建筑面积约78万平方米。其中东区容积率为2.48，西区容积率为2.03。

（二）项目特点

1. 建筑造型简洁

建筑形式美观、体现地方气候特点和建筑文化传统，具有鲜明居住特征；建筑造型简洁实用；立面采用法式建筑风格，屋顶多采用孟莎式，坡度有转折；屋顶上多有精致的老虎窗造型；外墙多用石材或仿古石材装饰；细节处理上运用了法式廊柱、雕花、线条，呈现出浪漫典雅风格。整个建筑多采用对称造型，气势恢宏。

2. 景观规划合理

景观采取点——线——面结合的方式，园林配置五重法式立体园林，集健康、成长、生活、智慧为一体的品质社区健康运动公园，千米塑胶跑道、室内游泳池、羽毛球场、篮球场及各类健身器材等一应俱全。项目公共绿地较集中，小区中心游园绿地突出，东区结合滨河绿化，西区结合柳青河创造更多集中公共绿地和开敞空间。

3. 户型设计人性化

户型采用三室二厅一卫、三室二厅二卫、四室二厅二卫、五室二厅二卫、五室二厅三卫设计。超大客厅，大面宽起居室设计，与餐厅、景观阳台相连，彰显待客之道；三室主卧配置大飘窗，次卧连接景观阳台，充分拥抱阳光生活；全明户型，餐厅、客厅、阳光房连体布局，巧妙拓展视野深度。轩敞4室，大面宽，大尺度还原生活本真；L形厨房操作平台，附带生活阳台，拓展烹饪空间。奢华阔绰五室空间，大空间凝结豪宅之气；多阳台设计，270度景观视野，拥抱沂河美景；部分三卫设计双主卧独立卫浴，体现唯美生活品质。

4.设备设施完备

项目为集团首个4.0智慧社区，三种业态层高全部为3米，户内配备有新风系统、厨房垃圾系统、智能家居系统、中央净水系统，户外配套设置雾森系统、塑胶跑道、背景音乐、社区Wi-Fi覆盖，地下会所内配备了篮球场、羽毛球场、游泳馆、健身区等活动健身场地，旨在为业主的健康生活提供更多的便利。规划建设5000平方米社区幼儿园，特设儿童兴趣课堂，以及社区周边名校配套，为孩子成长提供优质的教育环境。

5.采用多项新技术

项目采用高强高性能混凝土、高效钢筋、预应力钢筋混凝土技术、粗直径钢筋连接、新型模板与脚手架应用、地基基础技术、BIM技术等设计施工新技术，保障项目施工过程材料的高效利用。

（三）项目图片（图4-13-1～图4-13-14）

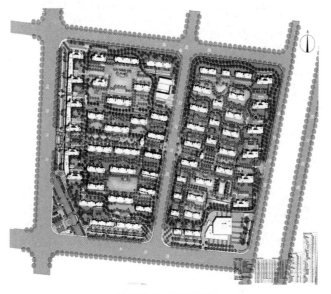

图4-13-1　总平面图

图 4-13-2 效果图

图 4-13-3 规划分析图

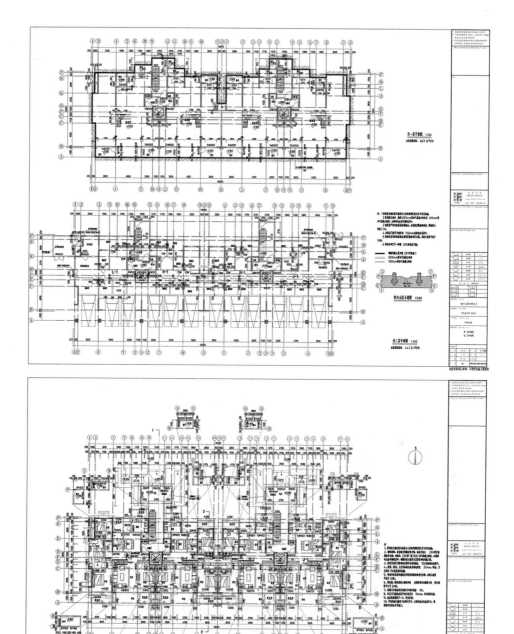

图 4-13-4 平面图 1

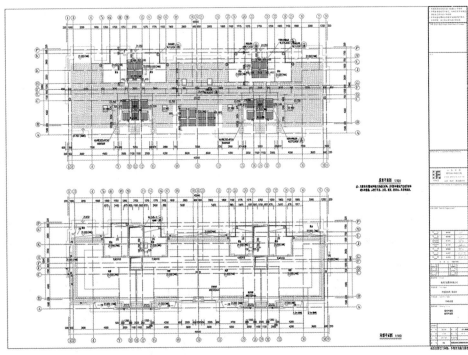

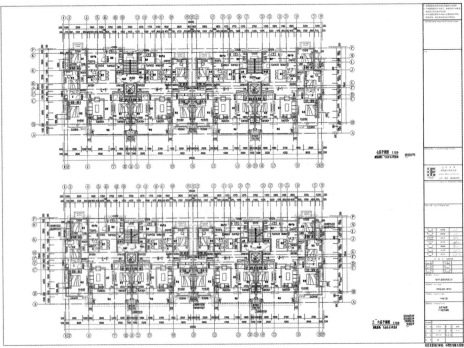

图 4-13-5　平面图 2

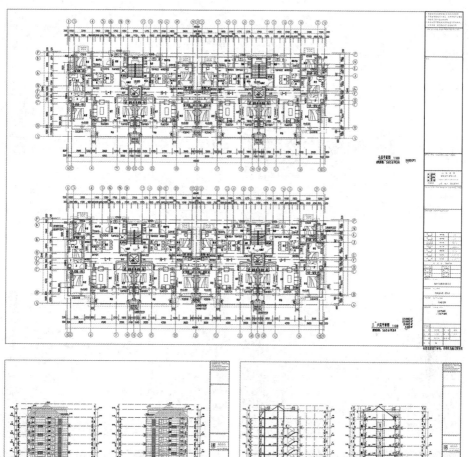

图 4-13-6 平面、立面图

图 4-13-7　实景图 1

图 4-13-8　实景图 2

图 4-13-9　实景图 3

图 4-13-10　实景图 4

图 4-13-11　实景图 5

图 4-13-12　实景图 6

图 4-13-13　实景图 7

图 4-13-14　实景图 8

（四）专家评审意见摘要

1. 适用性能

项目单元平面布局符合要求，模数协调和可改造性较好，单元公共空间基本满足要求。套内功能空间设置和布局基本满足要求，功能空间尺度符合要求。套内装修到位，公共部位装修较好。楼板、墙体的隔声性能满足要求，管道设备等采取了减震、消声和隔声措施。厨卫设备满足要求，水、暖、电等设备设施基本满足要求。套内无障碍设施符合要求，单元公共区域无障碍设施基本符合要求，住区无障碍设施基本满足要求，但公共绿地、休息凉亭等设施缺少坡道扶手。

2. 环境性能

项目充分利用场地区位优势，场地分东西两个地块，通过东西景观轴相互关联，整体布局有序，多层、小高层、高层形成围合，南高北低，项目整体空间关系较好。采用地下停车系统，地面交通以环路形式布局，步街系统可达性较好，人车分流为小区品质奠定较好的基础。小区景观设计手法丰富，做到了点、线、面结合，东西向景观轴统筹整个系统，建成后的景观较好。小区配套设施齐全，为居民提供了完善的需求，适应现在时代的需求。建议：要复核消防登高面及消防通道的可到达性；按照无障碍的要求，复核室外道路步行系统；补充完善标识系统。

3. 经济性能

在节能方面，本项目按65%节能要求和山东省《居住建筑节能设计标准》J12036—2015　DB 37/5026—2014设计。外墙采用80毫米厚挤塑聚苯板保温；屋面采用100毫米厚挤塑聚苯板保温；外窗采用隔热型铝合金中空玻璃窗，配有太阳能装置，规定性指标全部符合标准要求。在节水方面：采用节水器具，配置了中水处理设施，有雨水收集与回渗措施。在节地方面：地下停车位占总体车位的90%以上，部分设备用房设在地下室。在节材方面：采用了节约材料的新工艺、新技术，考虑了材料的再生利用。

4. 安全、耐久性能

该项目建筑结构合理使用年限50年，抗震设防烈度8度，建筑耐火等级高层一级，多层二级，地下室耐火等级一级，屋面防水等级一级，地下室防水等级二级，地下室配电房防水等级一级，2020年12月16日前通过竣工验收备案。

该工程精心组织，精心设计，精细施工，外檐色泽一致，阴阳角顺直，屋面采用一级防水，高于常规做法。室内墙面、地面、天棚平整，门窗开启灵活，电气运行正常，分支回路正确，管道安装顺直，电梯运行平稳，停层准确，总体工程质量好。改进建议：屋面烟道出口应封闭，防风回灌，小屋面应设置检修爬梯或检修孔，屋面管道应优化合理布局；楼梯间平直段加挡台，疏散标识，应指向最短逃到室外方向，18楼顶门口的标识应指向下；楼梯间精装修，消火栓门开启角度应达到135度，并应配齐五金件；设备用房中配电柜上方有管道通过的应加防淋防溅罩；穿越不同防火区域的管道，应预埋套管并用防火材料封堵；地下室通风管道缺少防晃动支架；地下室消防管道应进一步明确分类，注明流向表示；采光通风井与大气接触的墙面按外墙做法，现有起皮脱落现象。

十四、滕州市中房·缇香郡二期

（一）项目概况

中房·缇香郡二期项目由滕州市中房房地产开发有限公司开发建设，由华诚博远工程技术集团有限公司进行建筑规划设计。项目位于滕州市东部核心地段，北起荆河东路，南至夏庄街，西临文昌路。项目总占地面积约6.19万平方米，总建筑面积约19.8万平方米，容积率2.46，绿地率30%，项目计划总投资10亿元，共有13栋高层住宅单体，其中1栋被动式低能耗住宅。本项目以居住建筑为主，兼有商业、配套公建及幼儿园。项目规划以人为本，以打造小而精致、小而整体的核心景观空间为重点，针对基地现状的不利因素，通过建筑布局、道路组织、景观营造等手段，为居民提供一个环境优美、舒适便捷的社区环境和生活体系，最终将本项目打造成为共享均好、环境优美的典雅之所。

（二）项目特点

1.建筑风格简约

建筑立面设计为"Art Deco"风格，遵循传统美学的经典比例，简化线脚、装饰柱，凸显后现代主义的建筑之美。高层住宅立面主体构图采用三段式，强调对称，营造一种古典的秩序美感。建筑色彩由下至上颜色深浅分明，凹凸有致的体量变化有序有韵律感，为城市提供高雅美观的建筑界面，成为城市的有机组成部分。

2. 景观设计优美

园林景观采用新亚洲风格，定义滕州市首个新亚洲标杆。项目景观体系分为景观节点、景观轴线两级。小区南北两侧出入口和西侧步行出入口分别设置门户节点和核心绿地，并形成东西方向和南北方向的两条景观轴线。园林设计结合现代艺术手法与古典造园意境，营造一种以东方奢华为主的现代居住美学氛围，打造高品质的景观环境。

3. 平面设计合理

项目住宅单体采用两梯两户、两梯三户为主的布置方式，层高3米，设计突出功能合理、动静分区、净污分离的设计理念，户型均采用南北通透，明厅、明卫、明厨、明卧的"四明"设计。三室和三室以上的套型均配置2个卫生间。装修点位布置科学合理，为居民提供功能完备的全装修住宅。

4. 施工管理严格

项目以争创"广厦奖"、"泰山杯"、"榴花杯"、省优质结构杯、市优秀小区为目标，施工过程中严把质量关，打造花园式施工现场，创建省安全文明示范工地，采取先道路硬化绿化、后施工的工序，有效减少工地扬尘。

5. 积极采用新技术

采用BIM技术，13#楼采用被动式低能耗建筑技术，采用装配式建筑设计，住宅室内采用智能电子控温技术，采用户式新风系统，采用一卡通门禁系统、新型楼宇可视对讲访客系统，采用太阳能热水技术，采用低能耗隔离防火保温外模板现浇混凝土复合保温系统，地下车库设置电动汽车充电桩，并采用光导管照明系统等。

(三)项目图片(图4-14-1～图4-14-12)

图4-14-1 总平面图

图4-14-2 鸟瞰图

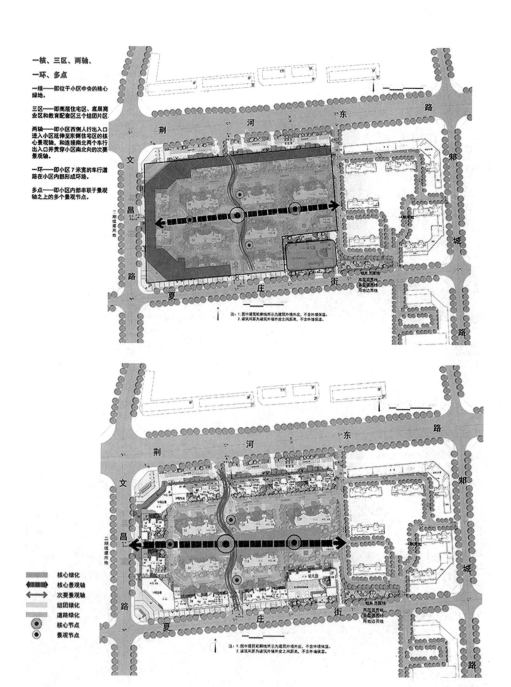

图 4-14-3 规划分析图

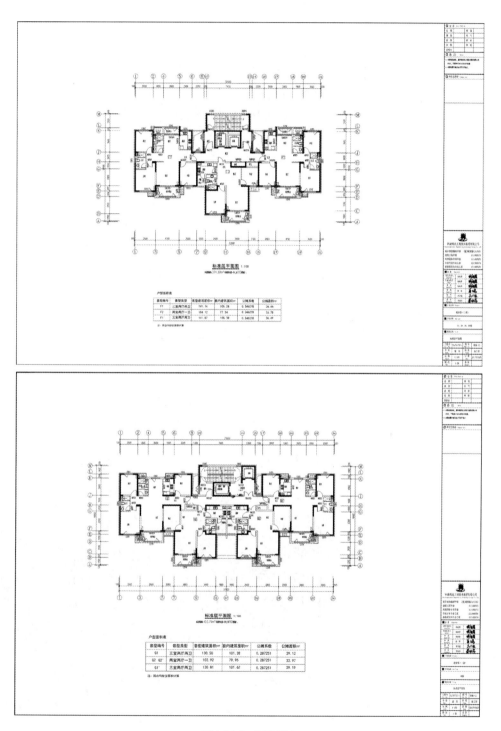

图 4-14-4 平面图 1

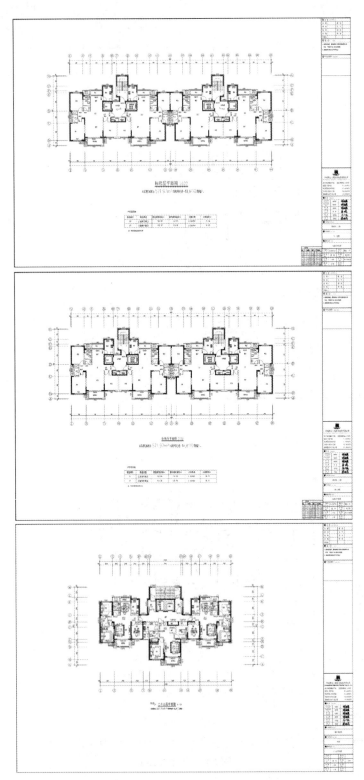

图 4-14-5 平面图 2

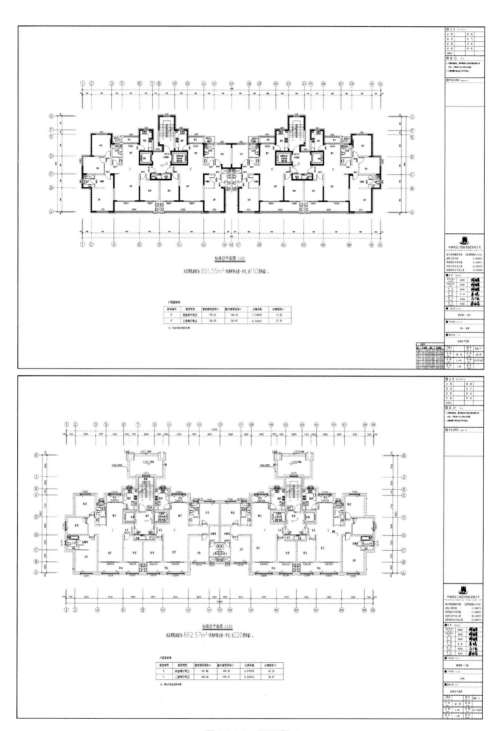

图 4-14-6 平面图 3

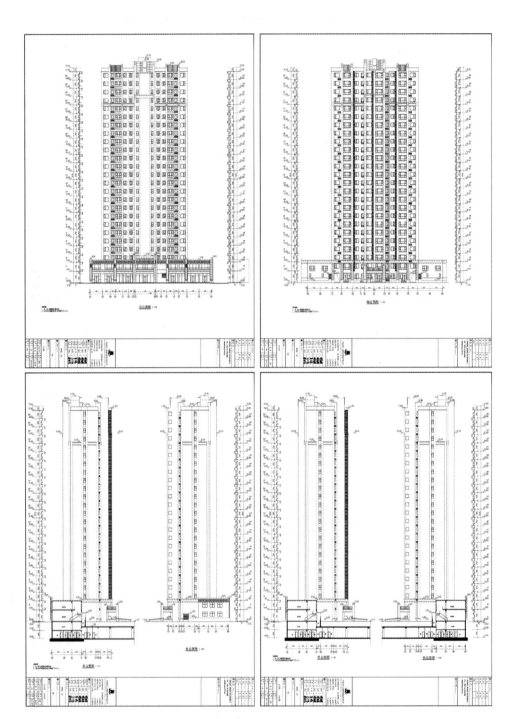

图 4-14-7 立面图 1

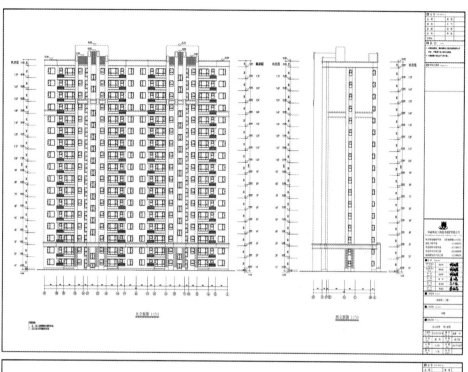
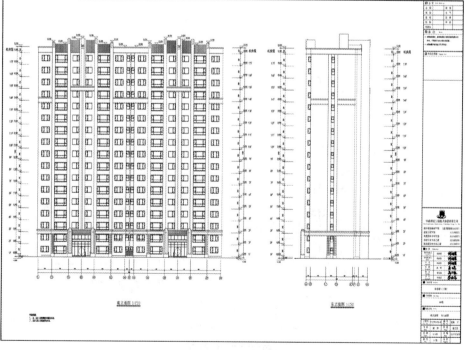

图 4-14-8 立面图 2

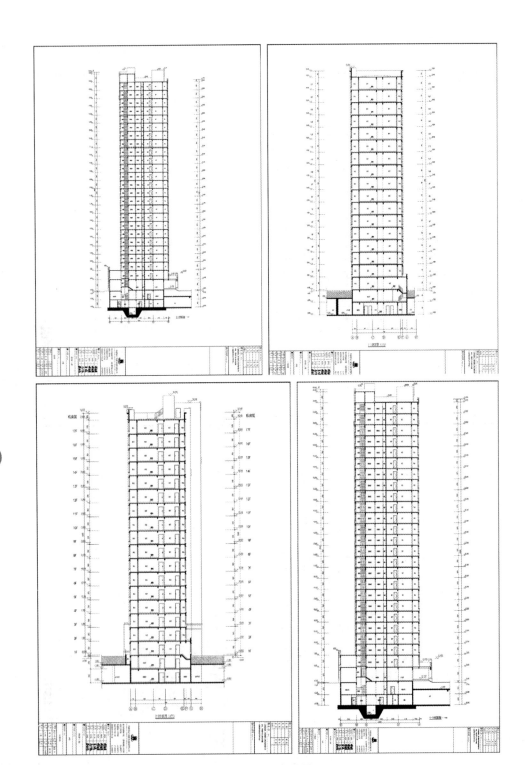

图4-14-9 剖面图

图 4-14-10　实景图 1

图 4-14-11 实景图 2

图 4-14-12　实景图 3

(四) 专家评审意见摘要

1. 适用性能

项目住宅户型以一梯两户和两梯四户为主,平面开间、进深尺度比例合理,通风采光良好。户型平面功能齐全,分区合理。各部分面积比例恰当,房间尺寸长宽比例合理。室内装修精良,设施设备齐全,新风系统,太阳能集中热水供应并合理分配,非机动车停车位置恰当,隔声性能满足规范要求,无障碍设施齐全。建议:进一步提高消防扑救面的可达性;部分卫生间布局有待优化。

2. 环境性能

小区绿化,下沉式绿地实际施行下沉不够。外墙颜色实际与效果图相差较大,颜色偏暗。主卧门宜向外开(向客厅、起居室开启)。消防控制室应设置坡道。太阳能板的角度宜根据当地纬度进行调节,不应水平放置(水平放置也不利于管内水体流动)。地面临时停车与商业停车结合,应处理好与城市道路交叉口之间的交通组织问题。

3. 经济性能

在经济性能方面,本项目位于寒冷地区,所有含☆的子项全部得分。在节能方面,本项目按75%节能要求和山东省《居住建筑节能设计标准》J12036—2015 DB 37/5026—2014设计。外墙采用75毫米厚隔离式复合保温板(GPES)+15毫米保温砂浆保温;屋面采用75毫米厚挤塑聚苯板保温;外窗采用中空玻璃断桥铝合金窗(5+12A+5+12A+5),规定性指标全部满足标准要求。在节水方面:采用节水器具,有雨水收集器收集雨水。在节地方面:地下停车位占总体车位的96%,水泵房等设在地下室。在节材方面:采用了一些施工新技术,考虑了材料的再生利用。

4. 安全、耐久性能

该住宅小区设计规划合理,人车分流,人性化,道路人行流线清晰,绿化设计与施工养护均符合要求。外装色调一致,平整度较好,效果较好。外部配套设计较好,施工细致,景观有特色,环境优美而简约。室内装饰装修质量较好,居住环境用户满意,反馈质量无问题。改进建议:屋面工程细部处理再细致;管道井(弱电)地底进一步平整;地库防潮有待进一步提升。

第五章　我国高品质住宅建设的启示与面临的问题

一、我国高品质住宅建设的启示

住宅性能评定制度和高品质住宅的建设是时代发展的必然趋势。经济社会发展所带来的人民群众对于高品质住宅建设的追求，相关政策对于高品质住宅建设的推动，相关标准对于高品质住宅建设的引领和支撑，地方工作机构对于高品质住宅建设的支持和推动，房地产开发建设企业对于高品质住宅建设的理解和配合，共同促进了住宅性能评定工作的蓬勃发展，共同推动了我国住宅品质提升。

（一）社会需求

住宅性能评定工作是随着我国住房制度改革和住房分配货币化的发展而逐步开展起来的。国家和社会上消费者对于高品质住宅的需求是高品质住宅建设的源动力。国家和社会的需求，又进一步促进了我国高品质住宅建设的发展。住宅技术、住宅部品、住宅设备、建筑材料都在随着社会需求的变化而不断发展和提升。所以说，社会需求是我国高品质住宅建设的首要动力，高品质住宅建设的发展，首先要考虑的就是社会需求的导向。随着社会需求的变化，不断调整发展的方向和重点。唯有如此，才能不断满足人民群众对美好居住生活的需求。

（二）政策推动

回顾我国住宅性能评定和高品质住宅建设的发展历程，不难看出，政策文件的推动是高品质住宅建设的首要驱动力。行业主管部门的行业发展政策是行业发展的风向标，是引领行业发展的重要遵循。先是山东省将住宅性能评定内容写进房地产开发条例，成为第一个地方性"规定动作"。接下来有江苏省将住宅性能、住宅节能等一系列内容写进新版《住宅质量保证书》和《住宅使用说明书》，并作为商品房销售合同的补充约定，进一步确保商品房售后服务管理和保障业主的合法权益。还有宁夏银川市银发〔2008〕214号文件也明确提出"对符合国家《住宅性能评定技术标准》和《绿色建筑评价标准》等先进节地技术的房地产开发项目，优先予以金融支持"。国家和地方相关部门出台一系列有关住宅性能评定的"规定动作"，不少负责任的开发企业也勇于承担建设"省地节能环保型住宅"的历史使命，将住宅性能评定作为打造高品质住宅的"自选动作"，才形成住宅性能评定长期稳定发展局面。

（三）标准制定

国家标准《住宅性能评定技术标准》GB/T 50362—2005的编制和实施，是住宅性能评定工作长期持续发展的技术支撑。该标准以部分指标高于现行标准规范要求的高标准，指导了我国高品质住宅的建设。正是因为有国家标准作为指导，正是由于标准的先进性、科学性和引导性，才使得住宅性能评定这项工作更加严肃、公平和公正，从而得到各地工作机构和房地产开发企业的肯定和支持。这是住宅性能评定长期稳定工作发展的底气和技术依据。

（四）地方支持

自1999年试行住宅性能评定制度以来，性能认定处积极发展、多方联络，努力建立住宅性能评定工作体制。曾经一度形成覆盖全国的，由中心与地方建设行政主管部门、房地产业协会等组成的住宅性能评定指导机构体系。例如，宁夏、江苏省、河北省、大连市、青岛市、长沙市、济南市成立了住宅产业化促进中心；山东省、黑龙江省成立了住宅产业办公室；浙江省、湖南省、贵州省、河南省、安徽省、福建省、青海省、新疆、上海市是由建设厅或住房保障和房屋管理局的房地产处，海南省、辽宁省、山西省、甘肃省、广东省、北京市、天津市是由本地房协，成都市是由市建委，具体负责住宅性能评定工作；滕州市、寿光市等县级性能认定试点城市则是由房地产开发管理办公室具体指导本地的住宅性能评定工作。中心与这些地方机构只是业务上的指导与被指导关系，不存在上下级的隶属关系。

住宅性能评定工作能有曾经的蓬勃发展局面，得益于部领导和中心领导的正确领导和大力支持，更依赖于多年来所形成的住宅性能评定的工作机制。其中，各地的住宅性能评定指导机构对住宅性能评定的生存和发展起到了不可磨灭的支撑作用，可以说各住宅性能评定指导机构是住宅性能评定工作的基石。这些机构的支持和无私奉献，是住宅性能评定工作得以蓬勃发展的坚强后盾。

（五）企业配合

《住宅性能评定技术标准》GB/T 50362—2005 只是推荐性国家标准，而非强制性标准。住宅性能评定工作不是行政命令，更偏重于向企业提供技术服务，最终将各项指标要求落实到具体住宅项目上。因此，住宅项目开发建设企业的理解、支持和配合是必不可少的，也是最重要的一个环节。坚持做性能评定的企业，一方面是出于对国家政策的支持，更重要的是出于对推动当地住宅品质提升的社会责任感。做性能评定的企业，已经不仅局限于国企、央企，更多的地方私营房地产开发企业加入住宅性能评定的队伍中来，并且坚持多年，在当地做出了高品质住宅项目的标杆，用实际行动带动了当地住宅品质的提升。

二、影响我国住宅品质提升的问题

尽管我国在住宅品质提升的标准制定和项目建设方面，长期以来一直在不断探索和实践。但是，仍有很大部分住宅建设项目的整体建设水平距离人民群众的理想居住需求还存在一定的差距。主要表现在以下 7 个方面。

（一）高品质住宅的建设理念不够突显

高品质住宅的建设理念是住宅品质提升的动力源泉。只有在项目规划建设之前就高品质定位，高标准要求，才有可能最终打造出高品质的住宅项目。但是在之前卖方市场的大环境下，政府主管部门需要花费很大精力在稳定房价和预防质量安全事故上，甚至是建设保障性住房保障"住有所居"上；开发商开发建设的住宅项目基本不用发愁销售，在高成本高周转的压力之下，也无暇在高品质住宅的建设方面做太多深入研究，更没有太大的动力在具体项目上细细打磨。所造成的结果是相当大一部分住宅项目在性能品质上都有很大的提升空间，离人民群众对美好居住生活的需求有很大差距。究其原因，就是高品质住宅建设和住宅品质提升的理念没有被提到一定的高度，没有引起足够的重视。此外，开发建设单位还缺乏自身意识的觉醒。所以，在城市品质提升和住宅品质提升的新发展阶段，住宅项目的所有参建单位都应在政府的引领和指导下，牢固树立高品质住宅建设的理念，绷紧住宅品质提升这根弦，从思想意识上达成高品质住宅建设和住宅品质提升的共识。

（二）规划设计的精细化程度有待提升

住宅项目规划设计的精细度，是以人为本的建设理念的重要体现，是住宅品质的重要彰显。高品质的住宅项目无论是总体规划还是景观设计、立面设计、套内户型设计，无不都是在细节上仔细推敲，然后呈现出最为科学合理的方案，给人以最为舒适的居住体验。关于住宅项目规划设计，尽管我国已有《住宅建筑规范》GB 50368、《城市居住区规划设计标准》GB 50180等多本标准规范来指导，但是落实到具体项目上，仍然常常会在楼栋的布置、道路系统的设置、车库出入口的设置、环境无障碍的通达性、消防通道的通达性、标识的明晰度、绿地景观活动场地的设置、立面造型的设计、户型的合理化设计等方面，或多或少地存在不尽如人意的地方。究其原因，就是因为在满足规范的条件下，没有在细节方面下足够多的功夫去仔细推敲，没有打造高品质住宅的精品意识。所以，在住宅项目的规划设计环节，应要牢固秉承以人为本的理念，以打造高品质住宅和促进住宅品质提升为目标，在规划设计的细节上细细推敲，精益求精，不断提升规划设计的水平，进而不断提升住宅的综合性能品质。

（三）建筑选材标准有待提高

除了规划设计水平以外，建筑材料、设备、部品的选用，也是影响住宅品质提升的重要因素。在建筑业绿色低碳发展的总体要求下，住宅全装修是必然发展趋势，住宅性能评定和百年住宅示范项目都倡导住宅的全装修交付。全装修不仅可以省去二次装修带来的不必要的资源材料的浪费，而且可以减少对周围环境的污染和影响。在住宅全装修交付的大趋势下，选择绿色建材、性能更好的设备、更加先进的部品，对于住宅品质的提升影响会非常明显。然而，在没有非常明确的住宅品质提升建设目标的前提下，突破常规的选材在成本和效果之间寻求平衡的做法，选择更多的绿色建材、更先进的设备、更优良的部品，可能就意味着建筑成本的成倍增加。所以，虽然有各种上位文件倡导，但是在没有外在强大动力的前提下，开发建设单位自主选择提高选材标准的积极性并不高。住宅建设项目整体的选材标准有待提升。

（四）施工监管有待进一步加强

住宅项目的开发建设是一个长期的过程，参与方较多。只有每个环节都加强监管，严格要求，才能最终打造出高品质的住宅。施工监管影响因素是多方面的，有开发建设单位本身的因素，也有政府或者第三方的因素。首先，高要求才能出高品质。开发建设单位对于施工质量和建设品质的总体要求，是建设过程中施工水平的标杆，对于最终的施工质量起着引领和约束作用；其次，政府或者第三方的监管要求，对于项目的施工质量水平有着非常重要的督促作用；再次，施工单位的责任感和施工经验，对于日常自身建设施工水平，也具有很大的影响。但是，目前很多项目由于在施工工程的监管方面，开发建设单位、政府或者第三方监管单位、施工单位，没有达成足够的统一，或者有一方放松要求，都会对项目品质造成不利影响。项目建设过程中整体的施工监管有待进一步加强。

（五）施工人员水平参差不齐

住宅建设存在工程量大、工序复杂、施工周期长的特点，需要施工人员严格按照程序和要求施工，才能达到预想的建设效果，避免造成不可挽回的遗憾。尤其是在当前建筑工业化、绿色建造和智能建造的发展趋势下，项目建设对于施工人员的专业技术水平要求越来越高。施工人员的标准化、规范化操作也显得尤为重要。但是，目前有很大部分住宅项目的施工队伍都是根据项目需要临时组队的，施工人员存在文化水平不同、专业基础不同、流动性较大等特点，即使经过简单的岗前培训，还是存在作业水平参差不齐的问题，在应对较高标准的项目建设任务时，就会暴露出整体专业化水平不够的问题。总体来说，住宅项目施工队伍整体的标准化、专业化水平有待提升，住宅建设行业施工人员的从业意愿有待激发，施工队伍人员的稳定性需要采取更多更有效的措施才能够保持。

（六）物业服务水平有待提升

高品质的住宅项目除需要品质优良的建筑单体、齐全的配套公共服务设施外，还需要与之相匹配高品质的配套物业服务来维持，才能真正满足人民群众对于高品质居住生活的需求。但是从实际项目来看，很多存在物业服务质量和水平与项目规划建设水平不匹配的问题。很多规划、设计、施工都比较好的住宅项目，在住户入住几年后，由于缺少后期维护，出现功能缺损问题；或者由于物业服务内容单一、服务态度不够热情、服务质量不好等原因，造成了住户对于居住体验的强烈不满，要求提高服务水平或者更换物业服务单位的事情时有发生。反观之，居民对于物业服务满意度高的，大都是由开发建设单位自有的物业公司提供物业服务的住宅项目。究其原因，一是物业服务单位出于对自有品牌的忠诚度考虑，努力提升服务水平和质量，二是经济上有托底，不以经济利益为先。因此，由于国家对于住宅项目的物业服务单位的选用有相关的要求，也由于大部分物业服务单位要优先考虑效益问题，我国住宅项目物业服务的质量和水平还有待进一步提升。

（七）既有住区改造机制还不够健全

既有住区改造是提升我国既有住宅品质的重要手段。目前关于既有住区改造国家已出台很多引导性的文件，"社区营造""共同缔造"等观念也已经为社会所熟知。但是在实际既有住区改造工作中，还是会遇到诸多问题和阻力，如关于改造意愿、改造方案、资金来源、施工质量、后期维护责任等。我国既有住区改造的机制虽然已初步形成，但是还不够健全。首先，是缺少顶层规划协调机制，个别项目在实施过程中还存在项目规划方案未进行充分沟通，缺少科学论证和统一指导的情况。其次，配套政策需要完善，如缺乏相关配套资金的支持政策，相关参与各方的考评和激励机制也有待完善等；再次，项目的规划、实施、验收过程中的多方协调机制有待建立，业主、社区、物业以及其他服务机构之间的沟通协作不够通畅；最后，党建引领作用有待进一步加强。基层党组织在既有住区改造中的引领作用在部分项目中已经充分体现，但还有待进一步凸显和加强等。

第六章　我国高品质住宅建设发展展望

进入全面建设社会主义现代化国家、向第二个百年奋斗目标进军的新发展阶段，我国高品质住宅的建设和住宅品质提升工作，也必须坚持以习近平新时代中国特色社会主义思想为指导，全面完整准确贯彻新发展理念，服务于构建新发展格局。在构建以国内大循环为主体、国际国内双循环相互促进的总体指导原则的框架下，继续致力于人民居住品质的提升，不断满足人民群众日益增长的对美好居住生活的各项需求，满足人民对美好生活的向往，这应该是我们努力奋斗的目标。

一、总体原则

高品质住宅建设和住宅品质提升应重点遵循两个方面的要求。第一，要满足人民不断提升的对于住宅居住品质的需求。这是第一位的，是遵循以人民为中心的发展思想的具体体现。第二，要遵循国家以及住房和城乡建设主管部门关于建筑业发展的相关方针政策要求，这也是非常重要的，是坚持党对社会主义现代化建设的全面领导、坚持系统发展理念的具体体现。

二、相关要求

进入新发展阶段，国家以及住房和城乡建设主管部门，通过政府工作报告、行业发展规划等方式都对建筑业或者住宅建设发展提出了相关的要求。这些方针政策都是高品质住宅建设和住宅品质提升工作的根本遵循。

（一）政府工作报告

2022年《政府工作报告》提出要提升新型城镇化质量。有序推进城市更新，加强市政设施和防灾减灾能力建设，开展老旧建筑和设施安全隐患排查整治，再开工改造一批城镇老旧小区，支持加装电梯等设施，推进无障碍环境建设和公共设施适老化改造。要深入推进以人为核心的新型城镇化，不断提高人民生活质量。因此，老旧建筑的改造将是提高人民生活质量和品质的一个重要方面。

（二）中央经济工作会议精神

2021年中央经济工作会议提出：结构政策要着力畅通国民经济循环。"要坚持房子是用来住的、不是用来炒的定位，加强预期引导，探索新的发展模式，坚持租购并举，加快发展长租房市场，推进保障性住房建设，支持商品房市场更好满足购房者的合理住房需求，因城施策促进房地产业良性循环和健康发展"。其中"支持商品房市场更好满足购房者的合理住房需求"的要求，除了包含不支持炒房等行为外，还包含提供更高品质的住房，满足人民不同层次的住房需求的含义。

（三）中央文件

2021年，中共中央办公厅、国务院办公厅印发《关于推动城乡建设绿色发展的意见》，提出到2035年，城乡建设全面实现绿色发展，碳减排水平快速提升，城市和乡村品质全面提升，人居环境更加美好。在转变城乡建设发展方式中提到，要推进既有建筑绿色化改造，鼓励与城镇老旧小区改造、农村危房改造、抗震加固等同步实施。要统筹地下空间综合利用。要加强技术创新和集成，利用新技术实现精细化设计和施工。要重点推动钢结构装配式住宅建设。在创新工作方法中提到，要建设国际化工程建设标准体系，完善相关标准。要推进工程建设项目智能化管理，促进城市建设及运营模式变革。要推动城市地下空间信息化、智能化管控，提升城市安全风险监测预警水平。

（四）部相关发展规划

《"十四五"住房和城乡建设科技发展规划》将"住宅品质提升技术研究"作为9大重点任务之一。提出：要以提高住宅质量和性能为导向，研究住宅结构、装修与设备设施一体化设计方法、适老化适幼化设计技术与产品，开展住宅功能空间优化技术、环境品质提升技术、耐久性提升技术研究与应用示范，形成相关评价技术和方法。并提出了住宅品质提升技术7个方面的重点任务。具体包括：

1.住宅功能空间优化设计技术

针对家庭人口结构多样、生活方式多元、气候条件不同、后疫情时代住宅健康要求等因素，研究户型设计新方法和各专业协同的一体化设计流程和方法，研究设备管线与主体结构相分离的集成技术，优化功能空间。

2.住宅环境品质提升技术

研究住宅小区景观系统、道路系统、标识系统、无障碍系统及其他配套设施的精细化规划设计技术，研究建筑隔音降噪技术和室内环境污染风险管控技术，研发健康环保的装修材料和部品部件。

3.住宅耐久性技术

基于建筑全生命周期管理理念，研究提高建筑耐久性能的新材料、技术体系和标准体系，研发提高住宅结构、装修、设备、外墙、门窗、防水等耐久性能的技术和产品，研究与建筑结构同寿命的墙体保温隔热技术和产品。

4.住宅适老及适幼设计与设施

针对老年人和儿童身体机能、行动特点、心理特征等，研究适老化和适幼化的居住建筑空间、室内装修与设备设施、室内环境、部品集成等技术，研究社区公共设施、公共空间的适老化和适幼化设计技术与产品。

5.既有住宅品质提升技术

研究不同场景低碳装修改造设计技术，研发既有住宅功能提升与改造技术及产品，构建新型低碳、绿色、环保的装配化装修成套技术体系。

6.住宅品质评价技术

研究高品质住宅的建设要求、全过程质量管控技术和方法、全生命周期的质量检测技术与产品，形成高品质住宅评价技术与标准。

7.数字家庭智能化服务技术体系

开发数字家庭系统关键技术、应用标准和平台，开展基于云服务和大数据的智慧社区与数字家庭示范应用。

三、发展方向

根据上述国家以及住房和城乡建设主管部门的相关要求，可以大概梳理出我国高品质住宅建设和住宅品质提升工作的四个层面的发展方向。

（一）新建住宅与既有住宅并行

高品质住宅的建设和住宅品质提升，不应仅限于新建住宅的品质提升。还应结合新型城镇化的要求，加强既有住宅品质改造提升方面的研究和实践。新建住宅功能空间优化技术、既有住宅功能提升与改造技术及产品、低碳装修改造设计技术、住宅适老及适幼设计与改造技术等，都是需要重点研究和突破的内容。

（二）城镇住宅与农村住房并行

在推进城乡建设一体化发展的大背景下，统筹城市和乡村建设，打造绿色生态宜居的美丽乡村，农村住房的品质提升同样应该受到重视。农村住房的品质提升是提高农村人居品质的重要方面。不仅是新型农村住房的规划、设计、选材、施工等环节，农村危房的抗震加固改造等同样需要重点来研究。

（三）人性化与绿色化并行

从居住者的角度出发，住房品质提升要以人为本，充分考虑居住者的舒适性、便捷性等，满足人民日益增长的居住生活需求。但是从社会发展和人类命运共同体的角度出发，推动城乡建设绿色发展，又必须要考虑绿色发展的总要求，考虑绿色建筑、绿色建造、绿色生活方式等节能减排、绿色环保要求。

（四）精细化与智能化并行

精细化科学的住宅设计，不仅包含对住宅规划、设计中处处体现以人为本的指导思想。还要求在施工中，甚至包括后期的运维和使用环节，具体落实相关要求，不折不扣将住宅的设计理念执行到位。智能化是社会发展的总趋势，也是住房建设的发展趋势，住宅品质提升工作也应充分运用各种智能化的设计、施工手段，充分考虑运用数字家庭智能化服务技术体系等。

四、对策建议

(一) 政策文件引领

住宅品质提升是一个系统工程,需要有鲜明的政策导向,才能引导整个行业的发展趋势和努力方向。所以首先应该从政策文件上引领树立提升住宅品质、建设高品质住宅的理念,使项目开发、规划、设计、施工、监理、维护等参与单位,在项目开发建设和使用维护的全过程都能够遵循高品质住宅的建设理念和要求,精细化规划、设计、施工和管理,进而保障住宅全生命周期内都能够保持较高的综合性能和品质。

(二) 标准规范完善

标准规范是住宅开发建设的准绳。目前,我国住宅品质相关的标准规范已经有不少,但是专门针对高品质住宅建设或者住宅品质提升的标准规范尚属缺乏。例如高品质住宅评价标准、既有住宅品质提升评价标准。应针对住宅品质提升和高品质住宅建设的现实需求,开展部分关键标准规范的修订或者缺失标准规范的制订,从而完善我国高品质住宅相关的技术标准体系,为全面推进住宅品质提升提供技术支撑。

(三) 加强过程监管

住宅项目的开发建设过程是不可逆的,在住宅品质提升的前期推进阶段,应加强项目开发建设全过程的监管,严格要求,加强落实,确保规划、设计、建设、验收、管理的每个环节都细致到位,都能够按照住宅品质提升相关政策和技术要求来执行。只有加强过程监管,环环相扣,步步落实,才能保障住宅产品最终的建设品质。

(四) 人员队伍培训

高素质的人员队伍是确保住宅项目品质不降低的基础。应加强住宅项目建设全过程相关人员的专业技术培训。使得项目建设的各个环节都将住宅品质提升和高品质住宅建设的理念贯穿其中,确保项目定位、规划、设计、施工、验收、维护各个环节都严格执行了住宅品质提升相关要求,不打折扣,严格落实。

（五）物业服务升级

精细化、精准化、个性化、差异化、定制化的物业服务与人民群众对美好生活的需要和向往密切相关。随着社会经济技术的发展进步，群众对于住宅配套服务的需求也越来越高，高品质的住宅越来越需要高品质的物业服务来维护和保持。物业服务企业必须在服务模式的创新和服务质量的提升方面下功夫。对标人民群众需求，练好内功，与时俱进，及时升级。

（六）样板工程打造

住宅品质提升和高品质住宅的理念只有进一步具象化，才能够真正起到推动发展的作用。应该进行住宅品质提升或高品质住宅样本工程的打造，每年针对不同的地域特点推出样板工程项目，对样板工程给予一定的激励措施；通过样板工程树立标杆，传授经验，供后续其他项目参建单位参观、学习和借鉴。通过样板工程的打造和通畅的技术交流，推动形成高品质住宅建设比学赶帮超的浓厚氛围。

参考文献

[1] 刘志峰.依托住宅性能认定制度,切实提高住宅品质[J].城市开发,2011(1):11-19.

[2] 童悦仲.性能认定助推住宅品质[J].住宅产业,2005(4):13,17.

[3] 童悦仲.我国商品住宅性能认定制度的回顾与展望[J].住宅产业,2005(9):12-13.

[4] 童悦仲.《住宅性能评定技术标准》的主要内容和评定方法[J].住宅产业,2006(3):29-31.

[5] 梁小青.住宅性能认定工作的推进与发展——在住宅性能认定工作座谈会上的讲话[J].住宅产业,2008(10):10-13.

[6] 娄乃琳.中国住宅性能认定制度的实施与发展[J].智能建筑与城市信息,2003,1(74):28-29.

[7] 娄乃琳,刘美霞.住宅性能认定制度的昨天、今天和明天[J].住宅产业,2007(11):10-12.

[8] 娄乃琳.住宅性能认定促进产业化升级[J].城市开发,2007(11):45-46.

[9] 娄乃琳.住宅性能认定制度与住宅保证保险[J].住宅产业,2007(12):23-24.

[10] 娄乃琳,刘美霞.住宅性能认定制度的回顾和总结[J].住宅产业,2008(3):32-33.

[11] 娄乃琳.浅谈《住宅性能评定技术标准》[J].智能建筑与城市信息,2007,130(9):116-117.

[12] 娄乃琳.2009年度住房和城乡建设部A级住宅性能认定调查报告[J].城市开发,2009(11):14-17.

[13] 娄乃琳.大规模建设期加强住宅性能认定的五大意义[J].住宅产业，2010(5)：1.

[14] 娄乃琳.2010年住宅性能认定工作再上新台阶[J].城市开发，2010(11)：43-46.

[15] 娄乃琳，柳博会，高真.突破现状，寻求长远发展——住宅性能认定制度的发展现状、问题及趋势浅析[J].城市开发，2014(1)：74-76.

[16] 刘美霞.借鉴日本住宅性能表示制度组织机构的变迁，完善我国住宅性能认定制度[J].中国房地产，2003(9)：15-17.

[17] 刘美霞.确保消费者权益，开展住宅质量保证保险[J].城乡建设，2003(5)：20-21.

[18] 刘美霞.日本的住宅性能表示制度[J].中国建设信息，2003(7)：39-42.

[19] 刘美霞.国标《住宅性能评定技术标准》与2000年版《指标体系》的对比[J].中国建设信息，2004(11)：23-26.

[20] 刘美霞.中日住宅性能认定(表示)制度对比[J].住宅产业，2006(3)：40-43.

[21] 刘美霞.借鉴法国住宅性能评定的新发展，促进住宅的节能减排[J].中国建设信息，2008(3)：42-45.

[22] 刘美霞.我国商品住宅性能认定制度的特点[J].城市开发，2000(2)：15-17.

[23] 高真.住宅性能认定引领住宅品质提高[J].住宅产业，2006(3)：34-35.

[24] 高真.日本节能住宅技术探析[J].城市开发，2008(11)：72-73.

[25] 刘永清，高真.南京金穗花园保障房项目开发与建设实践[J].住宅产业，2013(12)：54-57.

[26] 胡永生，高真.住宅性能评定技术标准为钢结构住宅产业化发展奠定坚实基础[J].住宅产业，2006(3)：36-39.

[27] 柳博会.把握标准修订契机，深化住宅性能认定工作——写在《住宅性能评定技术标准》修订之际[J].住宅产业，2014(7)：63-66.

[28] GB/T 50362—2005《住宅性能评定技术标准》(S).

[29] 建设部住宅产业化促进中心.建设部住宅性能认定优秀小区实录1[M].北京：中国建筑工业出版社，2003.

[30] 草家."住宅性能"与"文明社区"[J].住宅产业，2008(10)：1.

[31] 张海燕.A级住宅性能认定和住宅质量保险[J].长江建设，2003(3)：53-54.